Gedächtnis-Training
für den Job

Namen, Zahlen, Fakten
und Gesichter nie mehr vergessen

Inhalt

3. Gedächtnistraining für Sprache   71

4
5

Vorwort

Liebe Leserin, lieber Leser,

Sie alle kennen die alltäglichen Anforderungen an Ihren mentalen Speicher nur zu gut: Preise, Telefonnummern, Passwörter, Namen, Fachbegriffe, Erledigungen, Vokabeln und viele weitere Details. Gedächtnisblackouts kosten Nerven, bringen Sie bisweilen in unangenehme Situationen oder entscheiden mitunter sogar über den Geschäftserfolg, wie beispielsweise eine vermasselte Präsentation, ein vergessener Kundenname oder ein Kalkulationsfehler.

Dieses Buch kann Ihnen helfen. Hier finden Sie jede Menge einfacher Mittel und praktischer Methoden, mit denen Sie Ihr Gedächtnis für den Job fit machen. Bei den vorgestellten Tests, Techniken, Tipps und Tricks schöpfen wir aus der Erfahrung von rund zwei Jahrzehnten des Gedächtnistrainings in Unternehmen. Aber wir profitieren auch von der langjährigen Freundschaft und vielen anregenden Gesprächen mit den Pionieren des modernen Gedächtnistrainings, allen voran den beiden Briten Tony Buzan, dem Nestor des MindMappings, und Dominic O'Brien, dem achtfachen Gedächtnisweltmeister. Den beiden an dieser Stelle einen herzlichen Dank.

Dieses Buch erlaubt Ihnen ein Training mit System: Mit dem „M.Q. – Memo Quotienten" stellen wir erstmals einen ausführlichen Gedächtnistest speziell für den Job vor, mit dem Sie selber Ihre Schwächen, aber auch Ihre Talente bei den wichtigsten Gedächtnisleistungen im Beruf herausfinden können. Mit den Ergebnissen können Sie sich sehr einfach ein persönliches Trainingsprogramm zusammenstellen.

Gedächtnistraining ist eine Investition in Ihre Zukunft. Die geistigen Fähigkeiten werden immer stärker als entwicklungsfähiges Kapital erkannt – für Sie selber und auch für Ihr Unternehmen. Wer seinen Geist schon in jüngeren Jahren fordert, dem wird lebenslanges Lernen nicht schwer fallen, der hat bessere Möglichkeiten, im aktiven Berufsleben zu glänzen, und eine gute Chance, länger geistig fit zu bleiben.

Viel Erfolg wünschen
Klaus Kolb und Frank Miltner

> Dank

Unser Dank gilt den vielen Helfern, die dazu beigetragen haben, dass dieses Buch entstehen konnte, insbesondere Christiane Fux und Dr. Dr. Gert Mittring von MENSA. Auch der Lektorin Dunja Götz-Ehlert und der ganzen Redaktion möchten wir für ihre große Hilfe danken. Nicht zuletzt danken wir unseren Familien, die vor allem mit ihrer Geduld das Projekt „M.Q." und dieses Buch erst möglich machten.

> Wichtig

Die Beiträge in diesem Buch sind sorgfältig recherchiert und entsprechen dem aktuellen Stand. Abweichungen, beispielsweise durch seit Drucklegung geänderte WWW-Adressen etc., sind nicht auszuschließen.
Weder die Autoren noch der Verlag können für eventuelle Nachteile oder Schäden, die aus den im Buch gegebenen praktischen Hinweisen resultieren, eine Haftung übernehmen. Es gibt Krankheiten, die Auswirkungen auf die intellektuelle Leistungsfähigkeit haben. In solchen Fällen muss medizinische Hilfe in Anspruch genommen werden.

1. Stellen Sie Ihr Gedächtnis auf die Probe

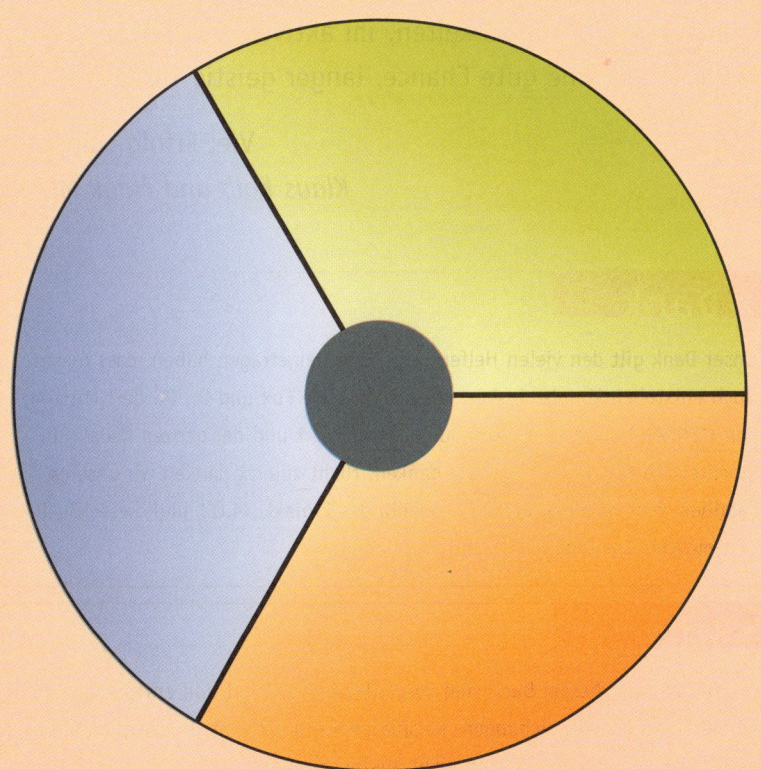

»Unser Gedächtnis ist
unser Zusammenhalt,
unser Grund,
unser Handeln,
unser Gefühl.
Ohne Gedächtnis
sind wir nichts.«

Luis Buñuel, 1900–1983,
spanischer Filmemacher

Stellen Sie Ihr Gedächtnis auf die Probe

Gedächtnistraining im Job?

Jeder Beruf fordert das Gedächtnis – unabhängig von Tätigkeit, Status und Einkommen. Gedächtnis ist aber nicht gleich Gedächtnis. Ein Blick in unterschiedliche Betriebe:

> Eine Bedienung im Restaurant braucht ein gutes Gedächtnis für Zahlen, sprich: Preise, Tischnummern, Bonniernummern von Speisen und Getränken. Mit den Gesichtern und Namen der Gäste verbinden sich persönliche Lieblingsgetränke, vielleicht sogar Geschmacksvorlieben oder Einschränkungen für den Koch: Gewürze, religiös bestimmte Zubereitungen oder Allergien. Wird eine vielfältige Weinkarte angeboten, müssen auch Namen und Charakter der Weine im Gedächtnis verankert sein.

> Während der Chef sich vielleicht stärker auf kaufmännische Zusammenhänge konzentriert, wird seine Assistentin sich mehr Termine,

Telefonnummern und Erledigungslisten merken müssen. Der Verkäufer wird sich stärker Kundennamen und Verkaufsargumente einprägen, der Arbeiter im Werk eher technische Daten und Zusammenhänge.

> Medizinisches Personal wird neben einem guten Namensgedächtnis auch das Erinnerungsvermögen für Vorerkrankungen und die Lebenssituation der Patienten trainieren müssen. Hinzu kommt eine Bibliothek im Kopf voller Fachwissen – von Normwerten und Symptomen bis hin zu den verschiedenen Behandlungsmethoden.

> Wer mit dem Rechtswesen zu tun hat, etwa in einer Anwalts- oder Notariatskanzlei, wird seinen Gedächtnisschwerpunkt eher bei Texten und genauen Formulierungen haben – gepaart mit einem guten Zahlengedächtnis für Paragrafen.

Mit anderen Worten: Je nach Branche und Tätigkeit müssen Sie andere Gedächtnisschwerpunkte setzen und diesen speziellen Teil des Merkvermögens trainieren.
Hier noch einige reale Beispiele aus der Trainingspraxis. Sie sprechen für sich und zeigen, wie ein gutes Gedächtnis zum persönlichen und unternehmerischen Erfolg führen kann:

> Die Mitarbeiterin einer großen PR-Agentur berichtet: „Seit ich Gedächtnistraining mache, achte ich stärker auf die Namen und kann nach Meetings mit neuen Ansprechpartnern alle ganz persönlich verabschieden. Außerdem rechne ich wieder mehr Zahlenkolonnen im Kopf (Reisekostenabrechnungen, Budgettabellen, Überprüfung von Rechnungssummen)."

> Im Rahmen ihrer Vorbereitungen auf eine Japanreise lernte eine 35-jährige Verkaufsassistentin vier Wochen lang Japanisch. Dazu benutzte sie unter anderem Memotechniken, die es ihr erlaubten, pro Tag ca. 20 neue Vokabeln und 20 neue Beispielsätze zu lernen. Bei ihrem Japanbesuch konnte sie damit bei ihren Geschäftspartnern einen positiven Eindruck hinterlassen und die Geschäftsreise war ein voller Erfolg.

> Ein Vertriebsbeauftragter eines großen deutschen Telekommunikationsunternehmens hat sich nach nur einer Stunde Gedächtnistraining eine Erledigungsliste mit 30 Begriffen eingeprägt. Er war selber überrascht, wie einfach und schnell er sich diese Begriffe merken konnte. Seine Aufgabenliste hat er seitdem nur noch im Kopf, statt sie zu notieren. Er vergisst (kaum) noch einen wichtigen Punkt und muss nicht ständig Listen mit sich führen.

> Ein Hotelier berichtet über den Erfolg, den er mit dem Gedächtnistraining erzielt hat: „Es hat mich total überrascht. Besonders das Namenstraining hat mir geholfen. Ich bin unheimlich stolz, wenn mich Hotelgäste verwundert fragen, wie ich mir ihre Namen so gut merken kann."

> **Brain Snack**

Gedächtnistraining hält Sie geistig nicht nur fit und flexibel – im Beruf werden die Methoden Ihnen auch helfen, Ihre Aufgaben einfacher und effizienter zu bewältigen. Analysieren Sie Ihre ganz speziellen Arbeitsabläufe und überlegen Sie, wo Sie Gedächtnistechniken sinnvoll einsetzen können.

> Eine Betriebsrätin musste immer wieder Reden vor Publikum halten. Zu Beginn ihrer Tätigkeit hatte sie alles genau aufgeschrieben. Nachdem sie sich mit Gedächtnistraining und den Memotechniken beschäftigt hatte, konnte sie ihre Zuhörer auch ohne Notizblock begeistern. In ihren Gesprächen kann sie sich nun ganz den Personen widmen und muss sich nicht mehr streng an ihre Notizen halten. Ihr Selbstbewusstsein und

ihre Kompetenz stiegen dadurch, und sie hat seitdem auch weniger Stress.

Wozu einprägen, wenn man alles nachschlagen kann?

„Ich muss mir nichts merken, ich muss nur wissen, wo ich etwas finde." Diese Erkenntnis stimmt nur zur Hälfte. Natürlich brauchen Sie sich nicht jede Telefonnummer, jede Formel, jeden Namen und jedes Datum zu merken. Doch das Wissen, das Sie im Kopf abrufen können, steht Ihnen für weitere Überlegungen zur Verfügung. Nur wenn Sie die wichtigsten Eckdaten im Kopf haben, können Sie neue Ideen oder ungewöhnliche Lösungen entwickeln, denn ein gutes Gedächtnis erweitert den Horizont und damit Ihr Wissen, Ihr Urteilsvermögen und letztendlich auch Ihre Kreativität.

Wer viel weiß, kann sich mehr merken

Je mehr Sie bereits wissen, desto besser können Sie sich neue Informationen merken. Denn mit der Menge des gespeicherten Wissens steigt die Wahrscheinlichkeit, dass Sie neue Informationen mit Bekanntem verknüpfen können. Ihr Gehirn funktioniert nämlich wie ein Netz: Je enger Sie die Maschen knüpfen, desto mehr neue Informationen bleiben darin hängen.

Hinzu kommt: Wissen schafft Vertrauen und signalisiert darüber hinaus Kompetenz. Das ist insbesondere im Berufsalltag von unschätzbarem Wert.

Überlegen Sie einmal: Werden Sie ein Auto eher bei einem Händler kaufen, der alle technischen Daten parat hat? Oder bei jemandem, der bei jeder Frage erst umständlich den Katalog wälzen muss? Fühlen Sie sich bei einem Hausarzt gut aufgehoben, der auch nach zwei Jahren immer noch nicht weiß, dass Sie fast panische Angst vor Spritzen haben?

Und wie, glauben Sie, wirkt es sich auf das Betriebsklima eines Unternehmens aus, wenn die neue Chefin auch nach einer Woche die Namen ihrer Mitarbeiter nicht kennt?

> ### › Beispiel

Sie lernen zwei neue Geschäftspartner kennen: Frau Schewardnadse und Herrn Konovalovas. Beide Namen sind in unseren Breiten ziemlich ungewöhnlich. Trotzdem können Sie sich den Namen von Frau Schewardnadse bestens merken – Sie denken nämlich sofort an den ehemaligen russischen Außenminister, der später Präsident von Georgien wurde. Mit Herrn Konovalovas tun Sie sich da etwas schwerer – es sei denn, es ist Ihnen bekannt, dass ein litauischer Radsportler so heißt. Aber das ist wohl eher unwahrscheinlich.

Zeitersparnis

Natürlich gibt es auch noch den Faktor Zeit: Besonders wichtige und häufig benötigte Daten sollten Sie in jedem Fall parat haben. Wenden Sie lieber einmal zehn Minuten auf, um sich eine Telefonnummer einzuprägen, als sie hundertmal nachzuschlagen – oder sie zum entscheidenden Zeitpunkt nicht parat zu haben. Das erspart nicht nur Zeit, sondern Ihnen auch peinliche Situationen.

Rasche Entscheidungsfindungen

Wenn Sie im Berufsalltag schnell logisch richtige Entscheidungen treffen müssen, dann müssen Sie sich mehrere Fakten gleichzeitig einprägen und mit diesen im Geist jonglieren. Für diese Art von Gedächtnis gibt es einen passenden Fachausdruck: das Arbeitsgedächtnis. Die folgende Übung zeigt eindrücklich, was das Arbeitsgedächtnis im Alltag leisten muss.

› Übung

Finden Sie allein durch Überlegungen die Lösungen:

Die Lieferung vom 12. April war günstiger als die vom 8. Juni.
Die Lieferung vom 13. März war teurer als die vom 12. September.
Die Lieferung vom 12. April war teurer als die vom 13. März.

Welche Lieferung war die teuerste?

Und so können Sie vorgehen: Lesen Sie zuerst die Frage und beschäftigen Sie sich dann mit den Inhalten. Wenn Sie rein logisch vorgehen, können Sie aufgrund der Frage den 12. April und den 12. September gleich ausschließen. Dann gilt es, zwischen dem 8. Juni und dem 13. März auszuwählen. Weil aber der 12. April noch teurer war, kann es der 13. März nicht gewesen sein. Die richtige Lösung lautet also: Die Lieferung vom 8. Juni war die teuerste.

Sie können aber auch anders vorgehen: Stellen Sie sich vor, Sie erhalten diese Daten in der Praxis nur mündlich geliefert. Eine logische Analyse ist dann in Ruhe kaum möglich. Stellen Sie sich dann einfach eine Skala vor, zum Beispiel eine Latte mit Strichen und binden Sie die Daten umso höher, je teurer sie sind. Auf diese Weise verbildlichen Sie die Zusammenhänge, merken sich die Inhalte bildhaft und kommen so eher auf die Lösung.

Die Lösungsvorschläge aus den Übungen links funktionieren sicher nicht bei jedem Menschen gleich. Das persönliche Talent spielt immer eine Rolle. Nicht alle Gedächtnisleistungen können von jedem mit den immer gleichen Memotechniken gelöst werden. Wenn Sie aber die Prinzipien verstanden haben, zum Beispiel, sich abstrakte Sachverhalte bildhaft und fantasievoll vorzustellen, dann können Sie sich bedeutend leichter Ihre eigenen Merkhilfen bauen.

Die Voraussetzung für das Lernen

Zwischen Merken und Lernen gibt es einen wesentlichen Unterschied: Beim Merken geht es darum, Informationen und Daten für eine kürzere Zeit im Gedächtnis zu behalten (Kurzzeitgedächtnis). Wer lernt, möchte Gedächtnisinhalte langfristig fest verankern (Langzeitgedächtnis).

Somit ist das Merken die Voraussetzung für das Lernen. Nur das, was Sie aus Ihrem Kurzzeitgedächtnis abrufen können, hat auch die Chance, in Ihrem Langzeitgedächtnis abgelegt zu werden.

Wiederholen: Der Schlüssel zum langfristigen Wissen

Mehrfaches Wiederholen ist das A und O des Lernens. Die erste Wiederholung sollte schon wenige Minuten nach dem ersten Merken erfolgen. Anschließend vergrößern Sie die Abstände, in denen Sie den Stoff rekapitulieren, zum Bei-

spiel am nächsten Tag, in zwei Wochen und schließlich in zwei Monaten. Die für die Berufspraxis wirklich wichtigen Lerninhalte werden Sie sowieso häufiger anwenden. Nutzen Sie diese Chance, sich den Stoff dauerhaft einzuprägen.

Begreifen ist wichtig

„Der Mensch soll lernen, nur die Ochsen büffeln", hat der deutsche Schriftsteller Erich Kästner einmal gesagt. Damit hat er wahrlich Recht.

Natürlich können Sie sich Fakten, die Sie begreifen, besser merken als isolierte, bedeutungslose Informationsschnipsel. Richtiges Lernen setzt jedoch voraus, dass Sie sich mit dem Lernstoff auseinander setzen und ihn verstehen.

> ### › Beispiel

Um die Telefonnummer 132652 zu lernen, können Sie die einzelnen Ziffern stur auswendig lernen. Sie können sich die Zahl aber auch genau anschauen und stellen fest, dass 13 die Hälfte von 26 und 26 die Hälfte von 52 ist.

Achten Sie darauf, ob Sie in anderen Ziffernkolonnen ähnliche Strukturen erkennen, anhand derer Sie sich diese Nummernfolgen leichter merken können.

Bestimmen Sie Ihren Memo Quotienten (M. Q.)

Mit dem folgenden Test können Sie

> Ihren Memo-Quotienten (Durchschnittswert für die Leistungsfähigkeit Ihres Gedächtnisses bei anwendungsorientierten Aufgaben) bestimmen.

> Ihre Schwächen und Stärken im Zahlen-, Bilder- und Sprachgedächtnis herausfinden (M. Q.-Profil).

> ein individuelles Trainingsprogramm zusammenstellen.

M. Q. steht für Memo Quotient

Ihre Leistungen werden mit dem Durchschnitt anderer Testpersonen verglichen. So können Sie genau sehen, ob Sie über den mittleren Leistungen liegen oder darunter. Der Test erlaubt Auswertungen auf mehreren Ebenen: Er ermittelt Ihr Gedächtnis für Bilder, für Sprache und für Zahlen.

Keine Angst vor dem M. Q.

Vielleicht sind Sie vor Tests immer ein wenig nervös. Möglicherweise befürchten Sie sogar, dass Sie weniger gut abschneiden als erhofft. Diese Sorge ist unbegründet, denn jeder hat starke und schwache Seiten des Gedächtnisses. Das ist ganz normal. Hier geht es nur darum, die Schwächen zu erkennen, um sie anschließend auszugleichen. Da unterschiedliche Arten der Gedächtnisleistung geprüft werden, erreichen nur sehr wenige Menschen die volle Punktzahl.

Ihre Selbsteinschätzung

Bevor Sie den M. Q.-Test machen, tragen Sie hier bitte auf einer Skala von 0 bis 200 ein, wie Sie Ihr Gedächtnis insgesamt einschätzen und welche Gedächtnisinhalte Sie sich am besten einprägen können. Der Wert 100 steht für ein durchschnittliches Gedächtnis. Unter dieser Marke schätzen Sie sich schlechter ein. Wenn Sie sich höher einstufen, vermuten Sie, dass Sie schon jetzt ein besseres Gedächtnis haben als andere.

Ihr Gesamtgedächtnis

0 ————— 100 ————— 200

Gedächtnis für Zahlen
(Ziffern, Daten, Telefonnummern, Termine usw.)

0 ————— 100 ————— 200

Gedächtnis für Sprache
(Texte, Gedichte, Sprachen, Namen usw.)

0 ————— 100 ————— 200

Gedächtnis für Bilder
(Symbole, Räume, Szenen, Fotografien, Gesichter usw.)

0 ————— 100 ————— 200

Selbst-Test: Der M.Q.-Test

So machen Sie den Test

Lösen Sie die zwölf Gedächtnisaufgaben jeweils in der vorgegebenen Zeit. Das dauert etwa eine Stunde. Der Test erfordert Ehrlichkeit, denn Sie werden nicht kontrolliert. Wenn Sie andere Hilfsmittel als Ihr Gedächtnis verwenden, verfälschen Sie Ihr Ergebnis stark. Damit Sie nicht zum Spicken „verführt" werden, sind Einprägephase und Wiedergabe auf unterschiedlichen Seiten abgedruckt.

Diese Hilfsmittel brauchen Sie

> Eine Stoppuhr, eine Uhr mit Sekundenzeiger oder eine Küchenuhr,
> einige Blätter weißes Papier,
> einen Stift,
> eventuell einen Taschenrechner für die Auswertung.

Aufgabe 1: Kalenderdaten

Merken Sie sich die Daten mit dem entsprechenden Ereignis.

→ Einprägezeit: **2 Minuten**

25.05.1947	Tag der Firmengründung	11.03.1903	Patentierung Schleifenbinder
23.10.1953	Geburtsdatum vom Chef	01.08.2002	Eintritt ins Unternehmen
02.01.1997	Jubiläumsfeier Unternehmen	31.04.2007	planmäßige Beförderung
29.02.2000	Jobwechsel	10.03.2003	Ablauf Patent Schleifenbinder

Gehen Sie nun zur Wiedergabe auf Seite 21.

Aufgabe 2: Wortlisten

Prägen Sie sich die folgenden Begriffe in der richtigen Reihenfolge ein.

→ Einprägezeit: **2 Minuten**

1. Kopierer   2. Radiergummi   3. Terminkalender   4. Zugticket   5. Uhr   6. Vokabeln
7. Kopierladen   8. Münster   9. Post   10. Zeitschrift   11. Rechnung   12. Stift
13. München   14. Werkstatt   15. Papier   16. Café   17. Computer   18. Eis

Gehen Sie nun zur Wiedergabe auf Seite 21.

Aufgabe 3: Gesichter
Merken Sie sich diese Personen.
→ Einprägezeit: **nur 20 Sekunden**

Gehen Sie nun zur Wiedergabe auf Seite 22.

Aufgabe 4: Ziffernfolge
Prägen Sie sich so viele Ziffern wie möglich in der vorgegebenen Zeit ein.
→ Einprägezeit: **2 Minuten**

3 7 8 2 5 1 0 9 2 4 6 3 3 5 7 9 2 4 8 1 5 7 3 9 7 1 4 2

Gehen Sie nun zur Wiedergabe auf Seite 23.

Aufgabe 5: Texte

Prägen Sie sich die folgenden Zitate bekannter Persönlichkeiten wortwörtlich ein. Die Zitatgeber brauchen Sie sich nicht zu merken.

➜ Einprägezeit: **3 Minuten**

> Leute mit leichtem Gepäck kommen am besten durchs Leben. (Jakob Boßhart)

> Wir suchen die Wahrheit, finden wollen wir sie aber nur dort, wo es uns beliebt. (Marie von Ebner-Eschenbach)

> Auch aus Steinen, die in den Weg gelegt werden, kann man Schönes bauen. (Johann Wolfgang von Goethe)

> Es ist nicht zu wenig Zeit, die wir haben, sondern es ist zu viel Zeit, die wir nicht nützen. (Lucius Annaeus Seneca)

> Wer immer die Wahrheit sagt, kann sich ein schlechtes Gedächtnis leisten. (Theodor Heuss)

> Ein Optimist ist ein Mann, der Kreuzworträtsel sofort mit Kugelschreiber ausfüllt. (Karl Farkas)

> Das nächste Spiel ist immer das nächste. (Matthias Sammer)

> Du bist wirklich alles, was wir hier nicht brauchen. (Dieter Bohlen)

Gehen Sie nun zur Wiedergabe auf Seite 23.

Aufgabe 6: Termine

Merken Sie sich die Termine und die mit ihnen verbundenen Aufgaben.

➜ Einprägezeit: **2 Minuten**

06:30 Joggen	12:30 Nickerchen	17:45 Getränke
07:45 Lehrergespräch	14:15 Bilanzbesprechung	17:59 Anzug aus der
09:00 Herr Fischer	15:45 Steuerberater	Reinigung holen
10:00 Finanzamt	16:15 Post	22:15 US-Telefonat
11:30 Frau Seeberg	17:00 Personalgespräch	23:00 Markus

Gehen Sie nun zur Wiedergabe auf Seite 24.

Aufgabe 7: Bilddetails

Schauen Sie sich das Bild genau an und merken Sie sich möglichst viele Details.

➔ Einprägezeit: **nur 30 Sekunden**

Gehen Sie nun zur Wiedergabe auf Seite 24.

Aufgabe 8: Namen

Merken Sie sich die folgenden Vor- und Nachnamen.

➔ Einprägezeit: **2 Minuten**

Erwin Glaser	Toni Almer
Martina Schukosky	Franz Blito
Friedrich Schlemmerer	Petra Klemm
Debora Sieber	Sara Zapf
Franziska Borsch	Jürgen Fabia

Gehen Sie nun zur Wiedergabe auf Seite 25.

Aufgabe 9: Orientierung

Sie sehen hier einen Stadtplan von London. Prägen Sie sich den Weg von der Grosvenor Road bis zu Ihrem Ziel in der Palace Road genau ein.

➡ Einprägezeit: **2 Minuten**

Gehen Sie nun zur Wiedergabe auf Seite 25.

Aufgabe 10: Alphanumerische Kombinationen

Alphanumerische Zeichen sind Kombinationen aus Buchstaben und Ziffern. Prägen Sie sich folgende Kombinationen ein. → Einprägezeit: **3 Minuten**

LT – G – 24	N24H19
27y3zhx	C5O10H6
BS/D34E7	DM – Y – 34
S HM 467	zg5730

Gehen Sie nun zur Wiedergabe auf Seite 26.

Aufgabe 11: Vokabeln

Prägen Sie sich folgende madegassische Vokabeln ein.
→ Einprägezeit: **2 Minuten**

Alarobia	– Freitag	Omby	– Ochse
Ratsy	– schlecht	Lehilahy	– Frau
Vohitry	– Dorf	Rano	– Wasser
Mofo	– Brot	Hanina	– Essen
Lohasaha	– Tal	Tanana	– Stadt

Gehen Sie nun zur Wiedergabe auf Seite 26.

Aufgabe 12: Abstrakte Formen

Prägen Sie sich diese Figurenpaare ein. → Einprägezeit: **2 Minuten**

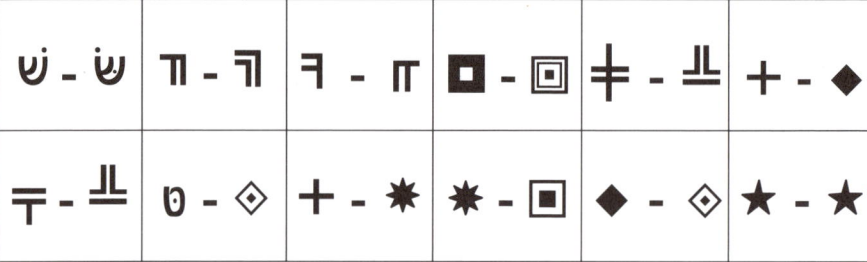

Gehen Sie nun zur Wiedergabe auf den Seiten 26/27.

Die M. Q.-Test-Wiedergabe

Geben Sie in diesem Abschnitt Ihre gemerkten Inhalte wieder und ermitteln Sie Ihre Punktezahl.

Aufgabe 1: Kalenderdaten

Rechnen Sie zuerst folgende Aufgabe:
$39 \times 3 - 7 + 11 = ?$

Schreiben Sie nun die richtigen Daten zu den Ereignissen auf.

__.__.__	Geburtstag vom Chef
__.__.__	Jobwechsel
__.__.__	Tag der Firmengründung
__.__.__	Jubiläumsfeier Unternehmen
__.__.__	Eintritt ins Unternehmen
__.__.__	Patentierung des Schleifenbinders
__.__.__	Ablauf Patent Schleifenbinder
__.__.__	planmäßige Beförderung

Auswertung:

Werten Sie für jedes richtig zugewiesene Datum 25 Punkte.

Ihr Ergebnis: [   ]

Aufgabe 2: Begriffe

Rechnen Sie zuerst folgende Aufgabe:
$7 \times 6 : 2 = ?$

Schreiben Sie nun die Begriffe in der richtigen Folge aus dem Gedächtnis auf.

1. _____
2. _____
3. _____
4. _____
5. _____
6. _____
7. _____
8. _____
9. _____
10. _____
11. _____
12. _____
13. _____
14. _____
15. _____
16. _____
17. _____
18. _____

Auswertung:

Werten Sie für jeden richtigen Begriff in der richtigen Reihenfolge 11 Punkte. Hören Sie auf zu werten, sobald die korrekte Reihenfolge abbricht.

Ihr Ergebnis: [   ]

Aufgabe 3: Gesichter

Beantworten Sie zuerst folgende Fragen: Kennen Sie eine Person mit langen locki-gen Haaren? Wie heißt diese Person?

Wenn Sie hier ein Gesicht wiedererkennen, tragen Sie ein J für „Ja" ein, wenn das Gesicht im Einprägebild nicht dabei war, tragen Sie ein N für „Nein" ein.

Auswertung:

Geben Sie sich für jede richtige Antwort 10 Punkte. Ihr Ergebnis:
Die Lösung finden Sie auf Seite 27.

Aufgabe 4: Ziffernfolge

Rechnen Sie zuerst folgende Aufgabe: 2 x 4 x 7 x 3 = ?

Schreiben Sie nun die Ziffern aus dem Gedächtnis auf.

_____

_____

Auswertung:

Werten Sie die Ziffern in der richtigen Reihenfolge. Hören Sie auf zu werten, sobald die korrekte Reihenfolge abbricht. Geben Sie sich für jede richtige Ziffer 7 Punkte.

Ihr Ergebnis:

Aufgabe 5: Texte

Beantworten Sie zuerst diese Frage: Wie nennt man ein Rechteck mit vier gleich langen Seiten?

Notieren Sie nun die Zitate aus dem Gedächtnis.
Schreiben Sie dann die Zahl der wortwörtlich richtigen Zitate auf. Zitate mit falscher Rechtschreibung dürfen gewertet werden. Ein falsches Wort pro Zitat ist erlaubt. Die Reihenfolge der Zitate ist gleichgültig.

_____

_____

_____

_____

_____

_____

_____

_____

_____

_____

_____

Auswertung:

Werten Sie pro richtiges Zitat 25 Punkte.   Ihr Ergebnis:

Aufgabe 6: Termine

Rechnen Sie zuerst folgende Aufgabe: 7 x 3 x 4 = ?

Schreiben Sie nun so viele Termine wie möglich mit Uhrzeit und Tätigkeit auf.

_____

_____

_____

_____

_____

Auswertung:
Werten Sie jede richtige Kombination aus Uhrzeit und Aufgabe mit 14 Punkten.
Die Reihenfolge der Termine ist gleichgültig.

Ihr Ergebnis: ☐

Aufgabe 7: Bilddetails

Beantworten Sie zuerst folgende Frage: Welche Farbe hatten die Türen in Ihrem Schulhaus?

Beantworten Sie nun folgende Fragen:

> Welche Farbe haben die Hemden der Männer? _____
> Wie trägt die Frau ihre Haare? _____
> Wie viele Begriffe auf dem großen Papier sind durchgestrichen? _____
> Wie viele Personen haben ein Telefon in der Hand? _____
> Welche Struktur hat die Decke des Zimmers? _____
> Wie viele Papiere hängen in dem Zimmer? _____
> Was sieht man im Hintergrund durch die Fenster? _____
> Welcher Mann hält seine linke Hand an sein Kinn? _____
> Welche Haarfarbe hat der Mann, der zwei Zettel in der Hand hält? ___
> Wie viele Personen tragen eine Brille? _____
> Sieht man auf dem Bild eine Deckenlampe? _____
> Welches Haustier ist zu sehen? _____

Auswertung:
Geben Sie sich für jede richtige Antwort 17 Punkte.   Ihr Ergebnis: ☐

Aufgabe 8: Namen

Sortieren Sie zuerst folgende Namen nach der Anzahl der Buchstaben: Martin, Maria, Marianne, Mareike.

Schreiben Sie nun die Namen aus Aufgabe 8 aus dem Gedächtnis auf.

_____

_____

_____

Auswertung:
Werten Sie jeden richtigen Vornamen und jeden richtigen Nachnamen jeweils mit 10 Punkten.

Ihr Ergebnis: [   ]

Aufgabe 9: Orientierung

Machen Sie zuerst folgende Übung: Buchstabieren Sie Ihren Namen rückwärts.

Tragen Sie nun auf der Karte den richtigen Weg ein.

Auswertung:
Geben Sie sich für jeden richtig gewählten Wegabschnitt neun Punkte. Beginnen Sie beim Startpunkt und werten Sie nur bis zum ersten Fehler.

Ihr Ergebnis: [   ]

Aufgabe 10: Alphanumerische Kombinationen

Rechnen Sie zuerst diese Aufgabe: 9 x 8 x 3 = ?

Schreiben Sie nun die Zahlen-Buchstaben-Kombinationen auf:

_____

_____

_____

Auswertung:

Notieren Sie für jede richtige Zeichenkombination 25 Punkte. Auch die Groß-Klein-Schreibung muss stimmen.

Ihr Ergebnis:

Aufgabe 11: Vokabeln

Lösen Sie zuerst diese Aufgabe: Nennen Sie fünf europäische Hauptstädte.

Schreiben Sie nun die Vokabeln mit ihren deutschen Bedeutungen auf:

_____

_____

_____

Auswertung:

Werten Sie jede richtige Vokabel mit 20 Punkten. Die Schreibweise muss exakt sein, sonst gilt die Antwort nicht.

Ihr Ergebnis:

Aufgabe 12: Abstrakte Formen

Überlegen Sie zuerst: Zeigt die Spitze des Verkehrsschildes „Vorsicht Wildwechsel" nach oben oder nach unten?

Suchen Sie nun auf der folgenden Seite die jeweils richtige Symbolkombination.

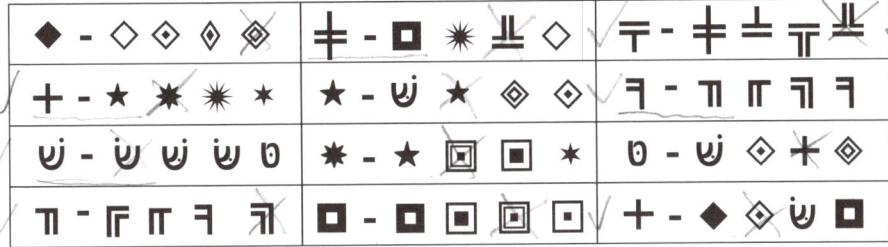

Auswertung:

Notieren Sie für jede richtige Kombination 17 Punkte.   Ihr Ergebnis:

Die Test-Auflösungen

Aufgabe 3: Gesichter

Nein	Nein	Ja	Nein	Nein
Ja	Ja	Ja	Nein	Ja
Ja	Nein	Ja	Nein	Ja
Nein	Ja	Nein	Nein	Ja

Aufgabe 5: Lösung der Zwischenfrage: Quadrat.

Aufgabe 7:

> Welche Farbe haben die Hemden der Männer? **Hellblau, dunkelblau, rot.**
> Wie trägt die Frau ihre Haare? **Als Pferdeschwanz.**
> Wie viele Begriffe auf dem großen Papier sind durchgestrichen? **Einer.**
> Wie viele Personen haben ein Telefon in der Hand? **Keine.**
> Welche Struktur hat die Decke des Zimmers? **Quadratische Platten.**
> Wie viele Papiere hängen in dem Zimmer? **Drei.**
> Was sieht man im Hintergrund durch die Fenster? **Hochhäuser.**
> Welcher Mann hält seine linke Hand an sein Kinn? **Der Mann links.**
> Welche Haarfarbe hat der Mann, der zwei Zettel in der Hand hält? **Grau.**
> Wie viele Personen tragen eine Brille? **Zwei.**
> Sieht man auf dem Bild eine Deckenlampe? **Ja.**
> Welches Haustier ist zu sehen? **Keines.**

Aufgabe 12: Zwischenfrage: Die Spitze des Schildes zeigt nach oben.

Übersicht

Die Testauswertung

Tragen Sie Ihre Ergebnisse in die Liste ein und berechnen Sie Ihre M. Q.-Punkte.

Aufgabe	Ihr Ergebnis	Runden Sie kaufmännisch auf die nächste Zehn auf oder ab.	M. Q.-Punkte Zahlen	M. Q.-Punkte Sprache	M. Q.-Punkte Bilder
1			=		
2				=	
3					=
4			=		
5				=	
6			=		
7					=
8				=	
9					=
10			=		
11				=	
12					=
		Summe	=	=	=

	Summe : 4 =	M.Q. Zahlen	M.Q. Sprache	M.Q. Bilder

M. Q. Zahlen + Sprache + Bilder = Gesamtsumme

M. Q. Gesamt = Gesamtsumme : 3 =

Wie war Ihre eigene Einschätzung?

Stimmen die M. Q.-Werte mit Ihrer persönlichen Einschätzung von Seite 14 in etwa überein? Oder haben Sie eine Überraschung erlebt?

Weniger als 50 M. Q.-Punkte

Ihr Ergebnis liegt weit unter dem Durchschnitt. Waren Sie während des Tests stark abgelenkt und unkonzentriert? Oder wissen Sie bereits, dass Sie ein sehr schlechtes Gedächtnis haben, was auch schon anderen Menschen aufgefallen ist? Dann sollten Sie sich auf jeden Fall ärztlich beraten lassen, denn diese Probleme können auch organischen Ursprungs sein. Betreiben Sie in jedem Fall dringend Gedächtnistraining.

51 bis 89 M. Q.-Punkte

Ihr M.Q. liegt leider noch unter dem Durchschnitt. Sie sollten auf jeden Fall trainieren, um bessere Gedächtnisleistungen zu erzielen.

90 bis 110 M. Q.-Punkte

Sie liegen im Durchschnitt. Schauen Sie Ihre Ergebnisse im Detail an und bügeln Sie Ihre Schwächen mit dem persönlichen Trainingsprogramm (siehe die Seiten 33/34) aus.

111 bis 150 M. Q.-Punkte

Sehr gut. Sie liegen bereits über dem Durchschnitt. Analysieren Sie genau, wo Sie noch Schwächen haben, und stärken Sie konsequent die entsprechenden Gedächtnisbereiche mit den Übungen in diesem Buch.

Mehr als 150 M. Q.-Punkte

Sie gehören bereits zur Spitzengruppe. Nur sehr wenige Personen erreichen diese Leistung. Vielleicht finden Sie noch die eine oder andere Teilleistung, in der Sie noch nicht zur Spitzengruppe gehören. Hier können Sie Ihre Merkfähigkeit weiter ausbauen. Ansonsten geben wir Ihnen einen Tipp: Falls Sie viel Spaß am Gedächtnistraining haben, könnte eine große Zukunft als Gedächtnissportler vor Ihnen liegen. Am Ende dieses Buches erfahren Sie, wo Sie dazu weitere Informationen erhalten können.

Sind Sie von Ihrem Ergebnis überrascht? Haben Sie eine Frage? Haben Sie Kritik und Anregungen? Wollen Sie den Test noch einmal mit veränderten Aufgaben machen? Dann schreiben Sie uns. Die Adresse finden Sie im Anhang auf Seite 124.
Auf den nächsten Seiten können Sie Ihr Gedächtnisprofil genauer analysieren.

Ihr Gedächtnisprofil auf einen Blick – Die grafische Auswertung

Tragen Sie nun Ihre Werte in diese Abbildung ein.

> Notieren Sie die Werte der Einzelaufgaben auf den jeweiligen Strahlen.
> Tragen Sie die M.Q.-Werte für Bilder, Zahlen und Sprache auf dem entsprechenden dickeren Strahl ein.
> Ihren Gesamt-M.Q.-Wert tragen Sie in die Mitte der Grafik ein.
> Verbinden Sie nun diese Einzelwerte miteinander, dann erhalten Sie Ihr M.Q.-Profil. Es zeigt, welchen Typ von Gedächtnisinhalten Sie bevorzugen und welche Bereiche Sie gezielt trainieren sollten.

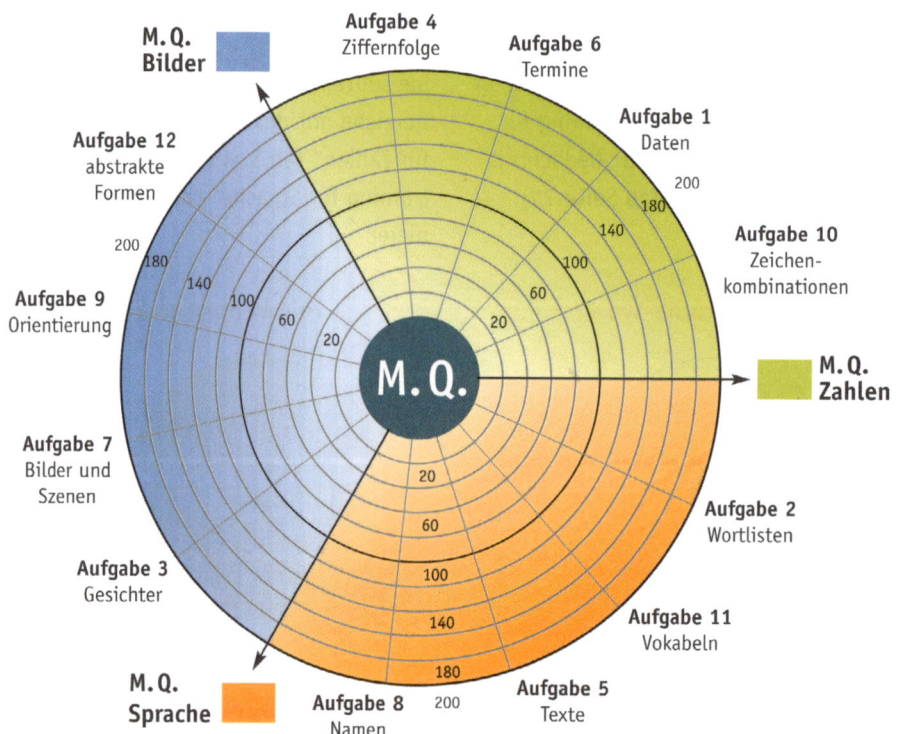

Welches M. Q.-Profil trifft auf Sie zu?

Finden Sie unter diesen Prototypen dasjenige M. Q.-Profil heraus, das Ihrem Typ am ehesten entspricht. Aus dieser Darstellung können Sie auf einen Blick erkennen, mit welcher Art von Gedächtnisinhalten Sie am besten zurechtkommen.

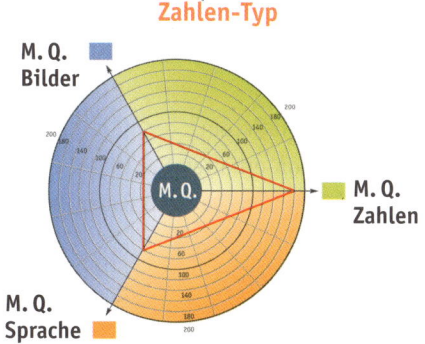

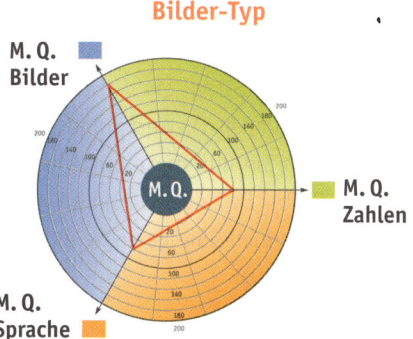

Beginnen Sie Ihr Gedächtnistraining in den Kapiteln „Gedächtnistraining für Bilder" (ab Seite 97) und „Gedächtnistraining für Sprache" (ab Seite 71).

Sie sollten besonders Ihre schwachen Bereiche mit dem „Gedächtnistraining für Zahlen" (ab S. 45) und „Gedächtnistraining für Sprache" (ab S. 71) trainieren.

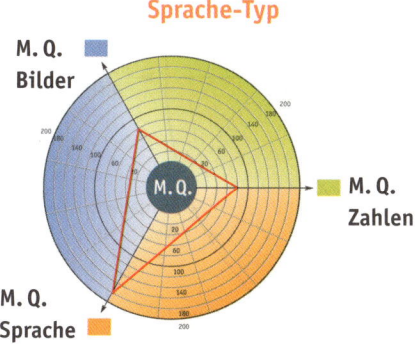

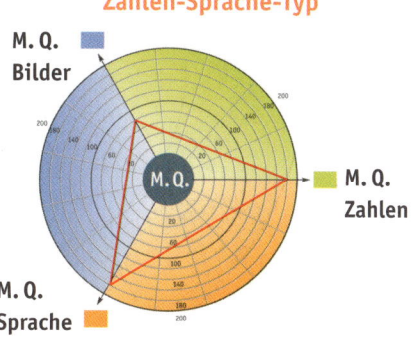

Konzentrieren Sie sich auf „Gedächtnistraining für Zahlen" (ab S. 45) und „Gedächtnistraining für Bilder" (ab S. 97).

Beginnen Sie Ihr Training mit dem Kapitel „Gedächtnistraining für Bilder" (ab Seite 97).

Zahlen-Bilder-Typ

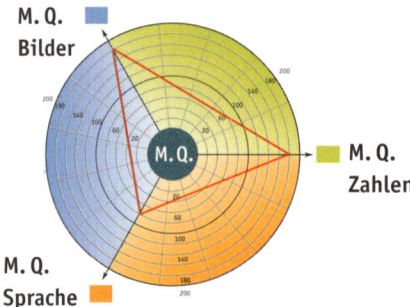

Sie sollten sich vor allem dem „Gedächtnistraining für Sprache" widmen (ab Seite 71).

Universalist

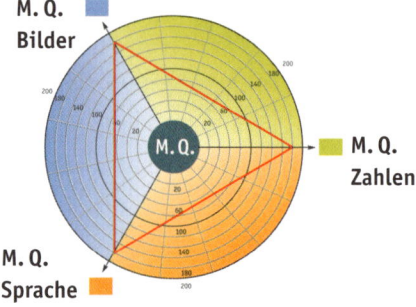

Sie sind bereits in allen Bereichen gut. Gehen Sie ins Detail, suchen Sie nach einzelnen Fähigkeiten, die Sie noch nicht perfekt beherrschen, und bauen Sie diese weiter aus.

Sprache-Bilder-Typ

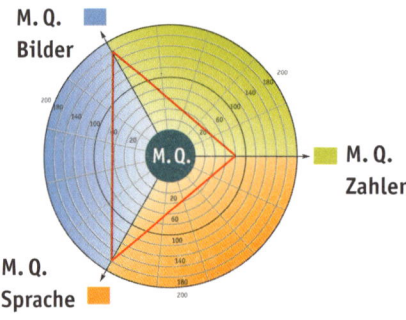

Arbeiten Sie vor allem mit dem Kapitel „Gedächtnistraining für Zahlen" (ab Seite 45).

Unkonzentrierte

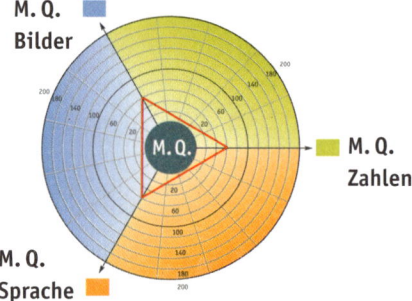

Sie liegen unter dem Durchschnitt. Sie sollten alle drei folgenden Kapitel des Buches durcharbeiten. Sehr wahrscheinlich ist es für Sie problematisch, sich zu konzentrieren. Sorgen Sie für mehr Ruhe, bündeln Sie Ihre Gedanken, und versuchen Sie, Stress abzubauen. Wenn Sie dieses Problem häufig bzw. schon länger haben, sollten Sie es am besten mit einem Arzt abklären.

Übersicht

Ihr persönliches Trainingsprogramm

Tragen Sie in die erste Spalte Ihre Ergebnisse vom M. Q.-Test ein. Bewerten Sie dann Ihre persönlichen Schwerpunkte im Berufsalltag mit Werten von 1 bis 5 (1 = sehr hohe Priorität, 5 = sehr geringe Priorität). Multiplizieren Sie Ihre M. Q.-Punkte mit der Prioritätszahl, und tragen Sie diese in die Liste ein.

	Tragen Sie hier Ihre Ergebnisse von Seite 28 ein.	Notieren Sie hier Ihre Priorität (1 = sehr hohe Prioriät, 5 = sehr geringer Bedarf).	Multiplizieren Sie die beiden Zahlen miteinander.	Auf diesen Seiten im Buch finden Sie die passenden Tipps und Übungen zum Thema.
M.Q. Zahlen				**Seite 45**
Zahlen und Zahlenreihen (Aufgabe 4)				**Seite 47**
Termine (Aufgabe 6)				**Seite 59**
Kalenderdaten (Aufgabe 1)				**Seite 54**
Alphanumerische Kombinationen (Aufgabe 10)				**Seite 69**
M.Q. Sprache				**Seite 71**
Texte (Aufgabe 5)				**Seite 83**
Fachwörter und Vokabeln (Aufgabe 11)				**Seite 80**
Wortlisten (Aufgabe 2)				**Seite 73**
Namen (Aufgabe 8)				**Seite 90**

M.Q. Bilder				Seite 97
Gesichter (Aufgabe 3)				**Seite 101**
Bilder und Szenen (Aufgabe 7)				**Seite 111**
Symbole und Zeichen (Aufgabe 12)				**Seite 105**
Orientierungssinn (Aufgabe 9)				**Seite 109**

Erstellen Sie Ihren Trainingsplan

Setzen Sie die niedrigste Zahl nach oben und notieren Sie die anderen in absteigender Reihenfolge. Schreiben Sie jeweils den dazugehörenden Aufgabentyp daneben, und notieren Sie dann die Seitenzahl, auf der Sie mehr Informationen finden. Diese Tabelle ist ab sofort Ihr Begleiter für die nächsten Trainingswochen.

	Auswertung			Training (bitte abhaken)		
	Punkte- zahl	Aufgaben- typ	Seiten im Buch	gelesen	in der Praxis geübt	wiederholt
Prio 1						
Prio 2						
Prio 3						
Prio 4						
Prio 5						
Prio 6						
Prio 7						
Prio 8						
Prio 9						
Prio 10						
Prio 11						
Prio 12						

Das Vier-Wochen-Trainingsprogramm

So trainieren Sie richtig und ziehen den meisten Nutzen aus dem Vier-Wochen-Programm:

> Trainieren Sie am Anfang möglichst täglich. Nehmen Sie sich aber nicht mehr vor, als Sie leisten können.

> Üben Sie niemals unter Stress. Führen Sie vor dem eigentlichen Training eine kleine Entspannungsübung durch (siehe Seite 43).

> Beginnen Sie mit einer Phase, in der Sie etwa zwei Wochen lang jeden Tag eine halbe bis eine Stunde Theorie und Praxis einplanen. Lesen Sie jeden Tag in diesem Buch entsprechend Ihrer Prioritätenliste.

> Legen Sie dann das Buch für einige Tage beiseite und wenden Sie die Memotricks in der Praxis an. Wiederholen Sie bei Bedarf die etwas aufwändigeren Merktechniken (zum Beispiel den ERKO-Code auf Seite 56).

> Lesen Sie vier Wochen nach Trainingsbeginn noch einmal die für Sie wichtigen Kapitel durch und optimieren Sie gegebenenfalls Ihr System.

Was Sie noch über Ihr Gedächtnis wissen sollten

Wie das Gedächtnis funktioniert

Jede Information wird über viele verschiedene Zellen des Gehirns verteilt abgespeichert. Das Gesamtwissen über den Begriff „Rose" wäre dann unter anderem aufgespalten in Erinnerungen an Duft und Farbnuancen, verschiedene Rosenarten, den schmerzhaften Stich der Dornen, Situationen, in denen Sie eine Rose geschenkt bekamen oder selbst verschenkt haben, oder eine Person mit diesem Namen. Die beteiligten Zellen können dabei an ganz unterschiedlichen Orten des Gehirns liegen: Farbe und Form werden im Sehzentrum gespeichert, der Duft in Hirnregionen, die für Gerüche zuständig sind. Der Vorteil der vernetzten Speicherung: Selbst wenn eine der beteiligten Nervenzellen ausfällt, wird nicht gleich die gesamte Erinnerung gelöscht.

Diese Vernetzung nutzen Sie geschickt aus, wenn Sie einen Begriff bewusst auf möglichst vielen verschiedenen Ebenen abspeichern: Stellen Sie sich vor, wie sich ein Objekt anfühlt, schmeckt, duftet, wo es steht oder wo Sie es in Ihrer Wohnung unterbringen würden.

Das Kurzzeitgedächtnis ist Ihr Arbeitsspeicher

Doch wie wird ein Konzept wie „Rose" gespeichert? Am Anfang steht in der Regel ein Sinnesreiz: Das Bild einer Rose fällt auf die Netzhaut, wird von den Sinneszellen in elektrische Impulse umgewandelt und landet im Gehirn, genauer gesagt im Kurzzeitgedächtnis. Dieser Arbeitsspeicher hat eine Kapazität von bis etwa sieben Objekten, die er jedoch nur für kurze Zeit bereithält. Darum können Sie Zahlen und Wortreihen aus bis zu sieben Einheiten für kurze Zeit mühelos wiedergeben. Erst jenseits der magischen Sieben wird ein weiteres Speicherelement benötigt.

Das Langzeitgedächtnis ist das Archiv Ihres Wissens

Während Ihr Kurzzeitgedächtnis nach wenigen Sekunden oder Minuten automatisch wieder gelöscht wird und Sie die Inhalte vergessen, betreibt Ihr Gehirn für die längerfristige Speicherung einen wesentlich größeren Aufwand. Das Kurzzeitgedächtnis funktioniert über die Aktivierung elektrischer Potenziale, das Langzeitgedächtnis speichert Informationen über chemische Prozesse und strukturelle Veränderungen. So werden neue Verknüpfungen zwischen den Nervenzellen gebildet oder verstärkt. Je mehr Informationen Sie über ein Objekt Ihres Interesses sammeln und je öfter Sie Ihre Erinne-rung daran wachrufen, desto stärker wird die Verbindung und desto zuverlässiger können Sie sich daran erinnern.

Das Gedächtnis ist lebenslang ausbaufähig

Während man früher glaubte, das Gehirn verändere sich im Erwachsenenalter nicht mehr wesentlich, weiß man inzwischen, dass dies sehr wohl der Fall ist: Ihr Gehirn ist eine lebenslange Baustelle. Es kann auch im hohen Alter nicht nur neue Querverbindungen, sondern teilweise sogar neue Nervenzellen bilden. Darüber hinaus verändert jede Speicherung von Inhalten in Ihrem Langzeitgedächtnis die Struktur Ihres Gehirns. So entsteht mit der Zeit ein Relief Ihres Wissens.
Wie aktiv und leistungsfähig Ihr Denkorgan bleibt, können Sie entscheidend beeinflussen. Ihr Gehirn ist zwar kein Muskel, aber es lässt sich ebenso trainieren. Wann immer Ihnen der Kopf raucht, profitiert Ihr gesamtes Denkorgan davon, es wird stärker durchblutet, Sauerstoff und Nährstoffe werden verstärkt hineingepumpt.
Ausreden wie: „Das lerne ich sowieso nicht mehr", oder „Das habe ich schon früher nie geschafft" gelten nicht. Mit den passenden Memotricks und etwas Übung lernen Sie in jedem Alter. Es ist allein eine Frage der persönlichen Einstellung.

Selbst-Test:
Welcher Lerntyp sind Sie?

Beantworten Sie bitte die folgenden Fragen. Das geht ganz schnell.
Überlegen Sie spontan, ob die Aussagen auf Sie zutreffen.

Merken Sie am Telefon sofort, wer dran ist, auch ohne dass der Anrufer seinen Namen nennt?	**Ja = A**	☐
Werden Sie nervös, wenn Ihnen jemand die Bedienung eines Gerätes erklärt und es Sie nicht selbst ausprobieren lässt?	**Ja = M**	☐
Finden Sie sich gut zurecht, wenn Ihnen jemand einen Weg am Telefon erklärt hat?	**Ja = A**	☐
Kommen Sie gut mit Gebrauchsanweisungen zurecht, die nur mit Bildern arbeiten?	**Ja = V**	☐
Können Sie sich Bewegungsmuster wie Tanzschritte gut merken?	**Ja = M**	☐
Fällt es Ihnen leicht, Melodien nach einmaligem Hören nachzusummen?	**Ja = A**	☐
Gestikulieren Sie beim Sprechen, um das Gesagte zu unterstreichen?	**Ja = M**	☐
Erkennen Sie Leute, die Sie nur einmal gesehen haben, bei der nächsten Begegnung wieder?	**Ja = V**	☐
Erinnern Sie sich daran, was auf dem Cover dieses Buches abgebildet ist?	**Ja = V**	☐
Hören Sie gern zu, wenn jemand etwas vorliest?	**Ja = A**	☐
Helfen Ihnen Grafiken und Abbildungen, einen Text zu verstehen?	**Ja = V**	☐
Macht Sie langes Zuhören ungeduldig?	**Ja = M**	☐

Selbst-Test: Welcher Lerntyp sind Sie?

Wie oft haben Sie ein A? _____

Wie oft haben Sie ein V? _____

Wie oft haben Sie ein M? _____

Auflösung:

Jeder Mensch bevorzugt bestimmte Lernkanäle.

> Der auditive Lerntyp lernt mit den Ohren: Für ihn spielen gehörte Informationen eine entscheidende Rolle. Das A steht für ihn.

> Der visuelle Lerntyp lernt am besten durch Sehen und Beobachten. Dafür steht das V.

> Der motorische Lerntyp prägt sich Informationen am besten durch Bewegung ein. Für ihn steht das M.

Von welchem Buchstaben (A, V oder M) haben Sie am meisten gesammelt? Das wird Ihr bevorzugter Lerntyp sein. Es können auch zwei, vielleicht sogar alle drei Lernkanäle stark ausgeprägt sein. Eine Reinform kommt praktisch nie vor, es wird immer eine Mischung sein.

Nutzen Sie in Zukunft gezielt das Wissen über Ihren Lerntyp

Als visueller Lerntyp sollten Sie Ihren Lernstoff möglichst in Bilder übersetzen.

> Stellen Sie sich zum Beispiel Vokabeln in Zukunft bildlich vor (siehe Seite 80 f.).

> Schmücken Sie sie mit viel Fantasie aus. Das funktioniert auch bei ungewöhnlichen Namen (siehe Seite 91) oder Zahlen (siehe Seite 52 f.).

> Oder arbeiten Sie mit sogenannten MindMaps (siehe Seite 116).

Als auditiver Lerntyp sollten Sie Ihren Lernstoff akustisch aufbereiten.

> Merken Sie sich Namen, indem Sie sich passende Reime ausdenken (siehe Seite 93).

> Besprechen Sie Kassetten mit Vokabeln.

> Lesen Sie sich Ihren Lernstoff laut vor.

> Reden Sie mit anderen über das, was Sie sich selbst merken wollen.

Als motorischer Lerntyp bringen Sie Bewegung in Ihr Lernverhalten.

> Zeichnen Sie einen Weg, den Sie sich einprägen wollen, in die Luft.

> Prägen Sie sich Telefonnummern über Ihre Fingerbewegungen auf der Tastatur ein.

> Nutzen Sie jede Gelegenheit, Dinge, die Sie lernen, direkt in die Tat umzusetzen.

Konzentrieren Sie sich auf Ihren bevorzugten Bereich, aber experimentieren Sie auch mit anderen Kanälen. Wenn Sie sich Lernstoff über möglichst viele Sinnesorgane parallel einprägen, bleibt er besonders gut „hängen".

> **Brain Snack**

Ihr Gehirn wird rege, wenn Sie etwas tun, das ungewöhnlich ist und das eine besondere Bedeutung für Ihre Gefühle hat.
Nehmen Sie abends ein Bad, und nutzen Sie die Vielfalt der sensorischen Anregungen: Düfte, Badeöle, Kerzenlicht, Tee, Champagner, flauschige Handtücher und angenehme Musik. Das entspannte Gefühl können Sie später allein mit der entsprechenden Musik wieder erwecken.

Schärfen Sie Ihre Wahrnehmung

Ständig verarbeiten Ihre fünf Sinne einen Strom von Eindrücken, die in Bahnen gelenkt und gefiltert werden müssen, wenn Sie sich auf eine Sache konzentrieren wollen. Eine gezielte Steuerung der Sinneswahrnehmung trägt wesentlich zur Konzentrations- und Merkfähigkeit bei.

Widmen Sie sich an fünf aufeinander folgenden Tagen jeweils einem Ihrer Sinne:

> 1. Tag: Farben, Formen und Details: Wie sieht der Gesichtsausdruck Ihres Kollegen aus? Welches ist die häufigste Farbe der Autos auf dem Firmenparkplatz?

> 2. Tag: Geräusche. Was hören Sie bei geschlossenem, was bei offenem Fenster? Wie hört sich Ihr Auto bzw. der Wagen des Kollegen an?

> 3. Tag: Fühlen. Wie fühlt sich Ihr Bürostuhl an? Was spüren Sie, wenn Sie einem Kollegen die Hand reichen?

> 4. Tag: Riechen. Wie riechen die unterschiedlichen Zimmer? Welche auffallenden Gerüche haben Ihre Kollegen?

> 5. Tag: Schmecken. Wie genau schmeckt Ihr Kaffee oder Ihr Tee? Können Sie im Tagesverlauf Änderungen feststellen?

„Es liegt mir auf der Zunge" – Denkblockaden auflösen

Solche Situationen kennt jeder: Sie wollen jemanden vorstellen, doch Ihnen fällt der Name nicht mehr ein. Sie stehen vor dem Geldautomaten, und plötzlich ist Ihnen Ihre PIN-Nummer entfallen. Sie wollen ein Buch verschenken, das Ihnen gut gefallen hat, doch in der Buchhandlung sind Titel und Autor wie weggewischt. Aus irgendeinem Grund ist die Verbindung zu dem entsprechenden Speicher im Gehirn unterbrochen und Sie stehen im wahrsten Sinne des Wortes auf der Leitung.

Bleiben Sie gelassen

Das oberste Gebot in einer solchen Situation ist Gelassenheit. Je hektischer Sie in Ihrem Gedächtnis nach der entfallenen Antwort fahnden, desto fester zieht sich der Knoten im Gehirn zu. Wenn Sie genug Zeit haben, dann vergessen Sie die Sache am besten, und denken Sie an etwas anderes. Dann kommt die Erinnerung meist von ganz alleine.

Drängt die Zeit, helfen Ihnen folgende Strategien: Mit der Visualisierung gehen Sie gedanklich zurück. Mit dem Alphabetisieren suchen Sie nach dem Anfangsbuchstaben, etwa von einem Namen.

Systematische Fahndung

Suchen Sie systematisch nach dem verschollenen Gedankengut. Dazu machen Sie sich die Tatsache zunutze, dass Erinnerungen vernetzt abgespeichert sind. Wenn Sie also nicht auf direktem Wege an die benötigte Information kommen, dann nehmen Sie den Umweg über die damit verknüpften Gedächtnisinhalte: Begeben Sie sich im Geiste noch einmal in die Situation, aus der Sie den Begriff kennen. Von wem stammt der Fakt? Wann war das?

> ### › Beispiel

Bei einem entfallenen Namen versuchen Sie sich daran zu erinnern, wer beim ersten Treffen sonst noch anwesend war, worüber Sie sich unterhalten haben, wie der Raum aussah und was Ihnen sonst noch zu der Person einfällt. Sie kreisen den gesuchten Begriff gleichsam von allen Seiten ein, und die Chancen stehen gut, dass Sie ihn über die Aktivierung der verknüpften Erinnerungen aufspüren.

Eine andere Strategie ist das Alphabetisieren. Wenn Sie einen bestimmten Begriff oder Namen verzweifelt suchen, dann gehen Sie in Gedanken Schritt für Schritt das Alphabet durch. Oft fällt der Groschen, sobald Sie bei dem Anfangsbuchstaben des gesuchten Begriffs angelangt sind.

› Übung Zeitreise

Erinnern Sie sich noch an Ihre Lehrer in der letzten Schulklasse? Notieren Sie hier die Namen. Fallen Ihnen auch die Vornamen ein?

Mathematik _____ Sozialkunde _____

Englisch _____ Sport _____

Deutsch _____ Kunst _____

Biologie _____ Musik _____

Physik _____ Chemie _____

Geschichte _____ Erdkunde _____

Weitere Fächer: _____

Nun versuchen Sie die Lücken aufzufüllen, indem Sie sich auf eine Zeitreise begeben. Fällt Ihnen eine bestimmte Unterrichtssituation ein? Erinnern Sie sich an die Stimme der Lehrkraft? Wie hat er oder sie sich gekleidet? Probieren Sie auch den Trick mit dem Alphabet aus. Wenn dann noch immer Lücken vorhanden sind, dann kehren Sie morgen noch einmal zu der Aufgabe zurück und prüfen Sie, ob die Erinnerungsmethoden zeitversetzt gewirkt haben.

Blockaden lösen durch Bewegung

Andere Formen von Denkblockaden sind allgemeinerer Natur. Sie stellen sich ein, wenn Sie zu lange über einem Thema brüten, müde und erschöpft oder verspannt sind, sodass der Blutfluss ins Gehirn nicht mehr richtig funktioniert.

Joggen fürs Gehirn

Ganz allgemein gilt, wenn Sie sich sportlich betätigen, dann tun Sie gleichzeitig etwas für Ihr Gehirn:

› Sie bringen den Kreislauf in Schwung und fördern die Durchblutung.

› Sie verbessern Ihre Stimmung und erhöhen damit Ihre Motivation.

› Sie bauen Stress ab.

› Bei Bewegung im Freien tanken Sie kräftig Sauerstoff, der auch den Hirnzellen zugute kommt. Und ein weiterer positiver Effekt: Das Tageslicht, das über Ihre Netzhaut ins Gehirn strömt, hebt die Stimmung.

Außerdem können Sie mit speziellen Bewegungsübungen eine ganze Reihe von Denkblockaden auflösen.
Die folgenden Übungen sind einfach auszuführen und beanspruchen nicht viel Zeit.

› Übungen Machen Sie sich locker

Sie sitzen seit Stunden verkrampft am Schreibtisch? So lockern Sie gezielt die Schulter-, Nacken- und Gesichtsmuskulatur.

- Marschieren Sie auf der Stelle. Berühren Sie dabei mit dem linken Ellenbogen das rechte Knie und umgekehrt.
- Neigen Sie den Kopf und drehen Sie ihn langsam von links nach rechts.
- Legen Sie die Fingerspitzen auf die Schultern und kreisen Sie abwechselnd mit den Ellenbogen – fünfmal vorwärts und fünfmal rückwärts.
- Fassen Sie mit der linken Hand über den Kopf ans rechte Ohr und ziehen Sie den Kopf nach links. Halten Sie die Position 10 Sekunden lang, dann wiederholen Sie die Übung rechts.

- Verschränken Sie die Hände im Nacken, ziehen Sie die Ellenbogen nach hinten, und verharren Sie so 10 Sekunden lang.
- Räkeln Sie sich ausgiebig und gähnen Sie bewusst – am besten vor einem geöffneten Fenster. Dabei dehnen und entkrampfen sich die Muskeln im Kiefer, in der Halswirbelsäule und im Nacken.
- Berühren Sie mit den Spitzen Ihrer Zeigefinger zwei Punkte zwischen den Augenbrauen und massieren Sie diese Punkte mit sanften, kreisenden Bewegungen. Diese Übung hilft auch beim typischen „Es liegt mir auf der Zunge"-Phänomen.

Kreuzweise: Mehr Schwung für beide Gehirnhälften

Die rechte und die linke Hemisphäre Ihres Gehirns sind für unterschiedliche Aufgaben zuständig:

› Links läuft – stark vereinfacht erklärt – das logische Denken ab: Sie lösen mathematische Aufgaben und speichern Faktenwissen wie Formeln, Geschichtsdaten und Vokabeln.

› Rechts sitzt Ihr kreatives Potenzial: Hier laufen intuitive Prozesse ab, hier arbeiten Sie mit Assoziationen, verarbeiten Bilder und Metaphern und speichern persönliche Empfindungen und Erlebnisse.

Mit den genannten Übungen können Sie beide Gehirnhälften aktivieren.

Entspannung

Das Lernen funktioniert besonders gut, wenn Sie entspannt an die Sache herangehen. Im gestressten Zustand können Sie sich hingegen wenig oder gar nichts merken. Körper und Geist sind dann voll und ganz damit ausgelastet, die aktuelle Situation zu meistern – da bleiben keine Kapazitäten, um Informationen für später zu horten.

Planen Sie deshalb bewusst Verschnaufpausen in Ihren Arbeitstag ein. Nach 90, spätestens 120 Minuten lässt Ihre Konzentrationsfähigkeit ohnehin rapide nach. Gerade, wenn Sie viel zu tun haben, sollten Sie regelmäßig Pausen machen. Insgesamt sparen Sie damit einiges an Zeit, weil Ihr Gehirn nach der Ruhepause wieder voll einsatzfähig ist.

Was hilft Ihnen beim Entspannen?

Ein kurzer Spaziergang? Klassische Musik? Notieren Sie Ihre persönlichen Entspannungsmethoden und wenden Sie sie in Zukunft regelmäßig an.

Balsam für die Seele

Damit Sie regelmäßig Energie auftanken können, sollten Sie der Entspannung einen festen Platz im Tagesablauf einräumen – egal ob morgens, um gelöst in den Tag zu starten, mittags als Verschnaufpause oder abends vor dem Schlafengehen.

Dauer:

Zum Einüben der Entspannungstechniken benötigen Sie anfangs etwa 20 bis 30 Minuten, später reichen circa 15 Minuten pro Tag, um sich eine effektive Entspannungsphase zu gönnen.

Raum:

Wählen Sie eine Umgebung, in der Sie sich wohl fühlen. Sie können die Übungen sowohl im Sitzen als auch im Liegen durchführen.

Körperhaltung:

Nehmen Sie eine Haltung ein, die so bequem wie möglich ist und wenig Anspannung der Körpermuskulatur erfordert.

Sie können sich auf den Rücken legen und sich vielleicht ein Kissen unter den Nacken oder die Knie legen, damit Sie es etwas bequemer haben.

Ihre Kleidung sollte Sie nicht einengen, Sie sollen frei atmen können. Strecken Sie die Beine aus, legen Sie Ihre Arme mit nach oben gewandten Handflächen locker an den Körper. Sie können die Hände auch auf die Brust oder den Bauch legen, um den Rhythmus der eigenen Atmung besser zu spüren und sich durch seine Regelmäßigkeit leichter zu entspannen.

> Übungen

1. Atementspannung

Der Schlüssel zur Entspannung ist eine tiefe Atmung. Sie gönnen dabei Ihren Lungen und Ihrem Körper ein ausgiebiges „Sauerstoffbad", das Sie gleichzeitig beruhigt und revitalisiert.

Nehmen Sie eine bequeme Haltung ein. Legen Sie die Hände auf den Bauch, sodass sich die Fingerspitzen in der Mitte leicht berühren. Atmen Sie tief ein und überprüfen Sie, ob sich Ihr Zwerchfell (aber nicht die Brust) mit jedem Atemzug hebt und senkt. Atmen Sie etwa siebenmal ganz tief durch, bis Sie spüren, wie sich Ihr Körper entspannt. Nach und nach wird Ihr Atem ruhiger und Ihr Körper entspannt sich.

2. Visualisierung

Bei der Visualisierung handelt es sich um ein meditatives „Bilderdenken", bei dem Sie sich vollkommen entspannen und angenehme Szenen ausmalen. Erinnerungen an schöne Stunden fördern Ihre Zufriedenheit und Ruhe. Ihre Vorstellungskraft und Konzentration werden gesteigert. Oder Sie stellen sich eine beglückende Zukunft vor, in der Sie erreicht haben, was Sie sich wünschen.

Die Übungen können geheime Ängste, Zweifel oder Blockaden auflösen und Ihrer Motivation Flügel verleihen. Nutzen Sie Ihre Fantasie und begeben Sie sich auf eine entspannende mentale Reise.

3. Progressive Muskelentspannung nach Jacobsen

Ziel dieser Methode ist es, Spannungszustände in der Muskulatur zu lokalisieren und diese durch bewusstes Entspannen aufzulösen.

Nacheinander spannen und entspannen Sie folgende Muskelgruppen: Hände, Unterarme, Oberarme, Schultern und Nacken, Rücken, Gesicht, Hals, Brust, Bauch, Gesäß, Oberschenkel, Unterschenkel und die Füße. Das bewusste Anspannen ist entscheidend: Nach der starken Belastung ermüdet der Muskel, sodass Sie den folgenden Entspannungseffekt besonders deutlich spüren.

Einen Literaturhinweis zur Progressiven Muskelentspannung finden Sie im Anhang auf S. 123.

2. Gedächtnistraining für Zahlen

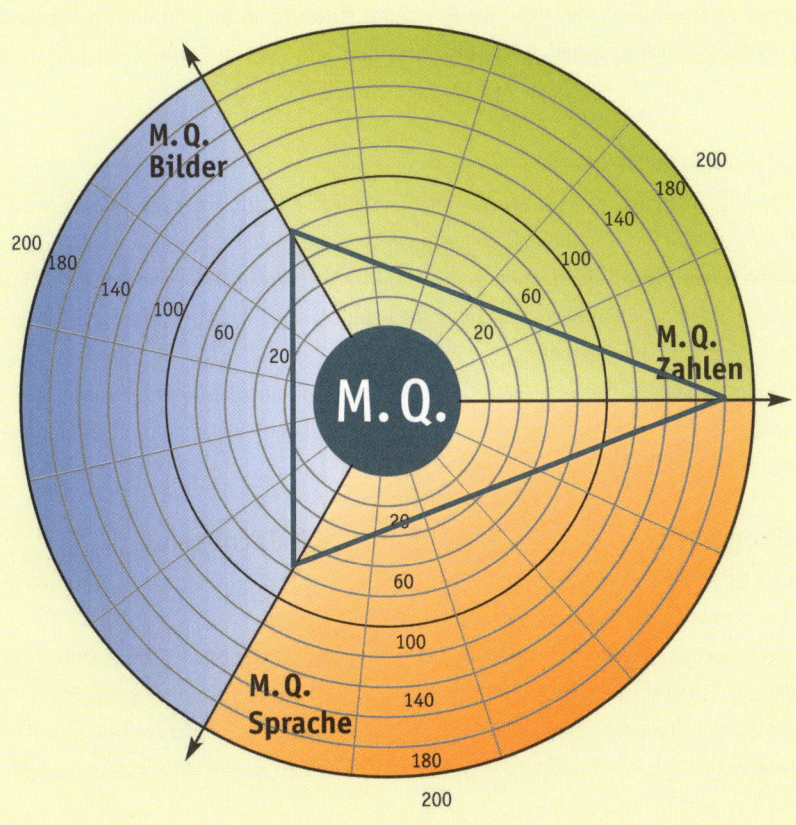

»Die Zahl
ist das Wesen
aller Dinge.«

Pythagoras (576–496 v. Chr.),
griechischer Philosoph und Mathematiker

Gedächtnistraining für Zahlen

Für jede Zahl den richtigen Kniff

Sie leben in einer modernen Welt, in der Zahlen eine große Rolle spielen. Doch schon die wichtigsten Eckdaten Ihres Unternehmens sind eine Herausforderung für Ihr Gedächtnis: Wie hoch ist der Jahresumsatz? Wie viele Mitarbeiter sind beschäftigt? Und wie viele Filialen gibt es? Hinzu kommen natürlich die alltäglichen Zahlen wie Telefonnummern, Bankkonten etc.

> ### › Übung
>
> Überlegen Sie: Welche Arten von Zahlen sind an Ihrem Arbeitsplatz besonders wichtig? Finden Sie mindestens zehn.
>
> - _____
> - _____
> - _____
> - _____
> - _____
> - _____
> - _____
> - _____
> - _____
> - _____

Vor allem, wer mit Zahlen auf dem Kriegsfuß steht, verliert schnell den Überblick. Anders als Gegenstände, Personen oder Situationen, die sich leicht vors innere Auge holen lassen, sind Nummern für viele Menschen nichts weiter als eine Kette abstrakter Krakel. Sie verlangen unserem Gedächtnis, das vor allem auf das Speichern von Bildern ausgerichtet ist, allerhand ab.

Doch keine Sorge: Mit Fantasie, ein paar einfachen Tricks und etwas Übung kriegen Sie sogar ganze Zahlenkolonnen in den Griff. Daher noch eine echte Erfolgsgeschichte, bevor wir Ihnen einige Schnellmethoden zum besseren Einprägen von Zahlen anbieten:
Ein Versicherungsverkäufer entdeckt die Tricks der Memotechniken für Zahlen. Er beginnt zu üben und lernt gleich ganze Tabellen mit Prämienbeträgen auswendig, für jedes Alter, jede Situation. Während seine Kollegen diese Berechnungen mit einem Computerprogramm anstellen, hat er die Prämien sofort im Kopf parat – ganz ohne irgendwelche Hilfsmittel.
Offenbar verblüffte er seine Kunden so sehr, dass er einen großen Vertrauensbonus erhielt. Das Ergebnis: Seine Verkäufe stiegen an, sein Gedächtnistraining war für ihn und sein Unternehmen Geld wert.

Taktvolle Merkhilfen – Rhythmus und Reim

Pulsschlag, Atmung, Schrittfrequenz – Rhythmus jeder Art liegt selbst unmusikalischen Menschen im Blut. Eine kleine Merkhilfe kann daher schon der Takt sein, den man einer Zahlenfolge verleiht. Lesen Sie eine neue Nummer mehrfach laut vor. Meist entwickelt sich dabei automatisch ein Rhythmus, der Ihrem Gedächtnis später auf die Sprünge hilft.

> ## › Übung

Sagen Sie die Ziffern dieser Zahlenfolge ein paar Mal laut auf:

1 4 0 3 1 8 7 9

Vielleicht haben Sie bereits einen Rhythmus gefunden? Sie können sich mit dieser Methode noch mehr Ziffern merken, wenn Sie sie zu Zweier- oder Dreier-Einheiten zusammenfassen – also zum Beispiel:

Hundertvierzig – Drei – Achtzehn – Neunundsiebzig

Übrigens: Bei der Zahlenreihe handelt es sich um den Geburtstag von Albert Einstein, geboren am 14. März 1879 in Ulm.

Viele Menschen gruppieren Telefon- und andere Nummern automatisch in solche Einheiten. Dahinter steckt ein bekanntes Phänomen: Der Mensch kann spontan bis zu sieben Einheiten im Kurzzeitgedächtnis speichern. Sobald Sie zwei oder drei Einzelziffern zu einer mehrstelligen Zahl zusammenfassen, funktioniert das auch mit längeren Reihen. Diese Technik bezeichnet man als „Chunking" (vom englischen Begriff „chunk": Brocken, Klumpen, größeres Stück).

Das geht übrigens auch sehr gut mit Worten: Aus Brot, Butter, Käse, Kuchen, Tomaten, Pudding, Schokolade und Wurst wird Butterbrot, Käsekuchen, Tomatenpudding und Schokoladenwurst. Wetten, dass Sie vor allem den Tomatenpudding und die Schokoladenwurst nicht vergessen werden?

Noch besser funktioniert das Einprägen von Zahlen, sobald ein Reim hinzukommt. Der wohl bekannteste Zahlenreim ist: „Drei, drei, drei bei Issos Keilerei", mit dem sich Generationen von Schülern den Sieg Alexanders des Großen über die Perser einprägten. So wurde doch endlich mal in der Schule etwas für's Leben gelernt, denn was für Geschichtsdaten funktioniert, das wirkt schließlich auch im Job. Dichten Sie also ruhig munter drauf los: „Durchwahl Dreiunddreißig, Herr Müller ist stets fleißig" oder „Fünfter März – Vertrag mit Dr. Herz". Das mögen alles vielleicht keine preisverdächtigen Reime sein, aber sie bleiben Ihnen bestimmt für längere Zeit im Gedächtnis.

Augen auf – Fahndung nach bekannten Größen

Manche Zahlenreihen machen es einem besonders leicht: In ihnen stecken bekannte Ziffernkombinationen. Halten Sie Ausschau nach gängigen Zahlenfolgen oder Daten: 0612 könnte für den sechsten Dezember – also Nikolaus – stehen, die 24 für Heiligabend bzw. Weihnachten, „4711" natürlich für das berühmte Eau de Cologne und 18 für einen „erwachsenen Jugendlichen".

Besonders gut eignen sich Zahlen, zu denen Sie einen persönlichen Bezug haben. Das können Geburtstage ebenso sein wie Ihre Schuhgröße, Ihre Hausnummer, Ihre Durchwahl im Büro oder die Nummer Ihres Büroparkplatzes. Der große Vorteil: Diese Zahlen sind fest in Ihrem Gedächtnis verankert. Alle Informationen, die Sie an diesen Eckpfeilern festmachen, bleiben dort besser haften.

Zahlenakrobatik für Schlauköpfe

Nicht jeder, der sich Zahlenreihen schlecht merken kann, ist auch ein Mathemuffel. Wenn Sie mit Kölnisch Wasser nicht viel anfangen können, dann können Sie aus dem oben erwähnten 4711 zum Beispiel folgende Rechenaufgabe ableiten: 4 + 7 = 11.

> **Übung**

339514 _____
257321 _____
183623 _____
1121231 _____
1569716 _____
123660 _____
132639 _____

Zahlen optisch einprägen

Sie haben ein besonders gutes visuelles Gedächtnis? Glückwunsch! Ihnen steht damit eine weitere Möglichkeit zur Verfügung, um sich Zahlen einzuprägen. Zumindest kürzere Zahlenreihen können Sie sich einfach über deren optische Gestalt einprägen und bei Bedarf vor das geistige Auge holen, wie im folgenden Beispiel:

Lassen Sie die kurze Zahlenfolge 6749 auf sich wirken. Die Sieben und die Vier werden von der halbrunden Sechs und der Neun wie in einer Klammer eingeschlossen. Die schrägen Linien der Sieben und der Vier verlaufen parallel und fügen sich optisch ineinander.

Der Trick mit der Tastatur

Sie telefonieren viel? Dann nutzen Sie die Tastatur Ihres Telefons als Merkhilfe: Stellen Sie sich vor, in welcher Reihenfolge Sie die Zahlen eingeben, und verbinden Sie die gewählten Tasten im Geiste. Das so entstehende Muster kann Ihnen als Erinnerungsstütze für Telefonnummern, aber auch für andere Zahlenfolgen dienen.

Auch am Computer gibt es häufig ein Tastaturfeld mit Zahlen, Sie können den Tastentrick also auch hier anwenden. Doch Achtung: Während am Telefon die Eins in der Regel links oben steht, kann sie bei anderen Tastaturen auch durchaus unten links angeordnet sein.

Satzgefüge

Ein weiterer Trick: Wandeln Sie Zahlenfolgen in Sätze um. Dazu übersetzen Sie jede Ziffer in ein Wort mit entsprechender Buchstabenzahl. Aus 829738 wird zum Beispiel: „Radierer im Fahrstuhl dämpfen den Aufprall" – die Telefonnummer Ihres Büroartikellieferanten.

Der kreative Aufwand lohnt sich vor allem bei Nummern, die Sie regelmäßig brauchen und sich sonst nur schwer merken können.

> ### › Übung

Wenden Sie die neue Methode gleich Gewinn bringend an. Notieren Sie Zahlen, die für Sie im Job besonders wichtig sind, und wandeln Sie diese in Sätze um.

- _____
_____

- _____
_____
_____

- _____
_____

- _____
_____
_____

Zahlen mit dem Loci-System einprägen

Bei der Loci-Methode prägt man sich Orte ein, an denen dann Lerninhalte festgemacht werden (genaue Beschreibung ab Seite 75). Dieses System kann man nicht nur für Wortlisten benutzen, sondern auch für Zahlen. Testen Sie es mit Ihrem eigenen Loci-System. Wie sich die Methode praktisch für einen Geschäftsablauf nutzen lässt, das berichtet der Chef vom Landgasthof Waldvogel im schwäbischen Leipheim. Weil er es so schön beschreibt, zitieren wir aus einem Brief an uns: „Wir arbeiten im Restaurant und im Biergarten mit Handys. Daher müssen unsere Servicekräfte mehr als 200 Nummern von Speisen und Getränken im Kopf haben. Ich habe ihnen gezeigt, wie sie die ganz einfach in unseren Räumen, im Bauerngarten und auf dem Spielplatz ‚festmachen' können. Am Anfang haben sie gedacht, der Chef spinnt. Inzwischen beherrschen selbst unsere Azubis im 1. Ausbildungsjahr alle Nummern der Speisekarte, alle Umbestellungen (am Körper festgemacht) und sogar die Weine aus dem Effeff – genial!"

Zahlenbilder

Der wichtigste Kniff im Umgang mit Zahlen besteht darin, ihnen ein Gesicht zu verleihen: Sieht die elegant geschwungene Zwei nicht aus wie ein Schwan? Und die Acht erinnert vielleicht an eine Sanduhr? In der folgenden Tabelle finden Sie einige Vorschläge für passende Zahlenbilder. Ziffernfolgen können Sie sich leichter einprägen, indem Sie eine Geschichte aus den dazugehörigen Bildelementen spinnen. Am besten funktioniert es, wenn Sie sich die Situation möglichst lebhaft ausmalen – den watschelnden Gang des Schwans, den leise rieselnden Sand der Sanduhr oder wie der Elefant fröhlich seinen Rüssel schwingt. Je detailreicher Sie das Bild vor Ihrem inneren Auge entstehen lassen, desto besser wird es in Ihrem Gedächtnis haften.

> ### › Brain Snack
> #### Keine Angst vor Zahlen
>
> Häufig hört man: „Ich stehe mit Zahlen auf Kriegsfuß." Das ist vielleicht eine Erklärung, aber keine Entschuldigung. Gehen Sie doch spielerisch vor. Das macht Spaß, trainiert und gibt neue Einblicke. Überlegen Sie sich etwa, wie oft die Zahl Acht vorkommt, wenn Sie vom Jahr 1710 bis zum Jahr 1810 zählen. Oder rechnen Sie bei einer langweiligen Autofahrt im Kopf aus, was 37 durch 7 ergibt.
> Für Rätselfreunde: Wann ergibt 10 plus 3 den Wert 1? (Die Lösung finden Sie auf S. 120.)
> Und, sind Sie jetzt nicht schon motivierter?

⊞ Übersicht

Die Zahlenbilder

Wie Sie sehen, sind in der Tabelle noch drei Spalten frei. Füllen Sie diese mit eigenen Zahlenbildern oder zeichnen Sie Ihre Ideen auf ein Blatt Papier.

			Eigene Ideen	Eigene Ideen	Eigene Ideen
0	Ei	Rakete (Startschuss)			
1	Kerze	Pokal (Sieger, Nr. 1)			
2	Schwan	Zwillinge			
3	Dreizack	Dreirad			
4	Klee	Kreuz			
5	Hand	Rad (das fünfte Rad am Wagen)			
6	Elefant	Lottogewinn (sechs Richtige)			
7	Wimpel	Zwerg (Schnee- wittchen und die sieben Zwerge)			
8	Sanduhr	Tintenfisch (acht Arme)			
9	Schlange	Kegel (Alle Neune!)			

Keine Qual mit Zahlen

Sobald Sie sich diese Zahlensymbole eingeprägt haben, dürfte es Ihnen nicht mehr schwer fallen, sich kurze Zahlenfolgen schnell zu merken. Stellen Sie sich doch einmal vor, Ihre Parkplatznummer in der großen Flughafentiefgarage laute beispielsweise 645: Als Gedächtnisstütze können Sie sich nun vielleicht einen Elefanten vorstellen, der ein Kleeblatt pflückt und es Ihnen anschließend in die Hand drückt.

Wenn Sie zum wiederholten Male die Vorwahlnummer Ihres Lieferanten in Nordirland nachschlagen müssen, dann denken Sie an zwei saftige Wiesen mit Kleeblättern, und schon haben Sie sich die 44 als Vorwahl eingeprägt. Dass die Auslandsvorwahlen jeweils mit zwei Nullen beginnen, dürfte Ihnen bereits bekannt sein. Falls nicht, dann beginnen Sie Ihre Geschichte einfach mit zwei Eiern. Je lebhafter Ihre Geschichte ausfällt, desto besser gräbt sich die Zahl in Ihr Gedächtnis ein.

> Übung

Trainieren Sie die Zahlensymbole anhand folgender Vorwahlnummern der EU-Beitrittsländer zum 1. Mai 2004:

Estland	372	Slowakische Republik	421
Lettland	371	Slowenien	386
Litauen	370	Ungarn	36
Polen	48	Malta	356
Tschechische Republik	420	Rumänien	40

Zahlenbilder und Kalenderdaten

Auch wichtige Kalenderdaten lassen sich mit der Bildermethode einprägen: Der britische Premierminister Churchill dreht eine Sanduhr mit der Hand um und stellt sie in eine Wiese voller Klee. Als der Sand hindurchgelaufen ist, spreizt Churchill die Finger seiner Hand zum Victory-Zeichen. Wofür diese Ge-

schichte steht, darauf weist der verborgene Zahlencode hin: Am 8. Mai 1945 kapitulierte Nazideutschland – das Ende des 2. Weltkrieges. Ein wichtiges Datum, das seinen Stammplatz in Ihrem Allgemeinwissen haben sollte.

Natürlich funktioniert das auch hervorragend mit Daten aus Ihrem beruflichen Alltag.

Zahlenbilder-Tricks für Fortgeschrittene

Haben Sie häufig mit Zahlenreihen zu tun? Dann lohnt es sich, Ihren persönlichen Bildercode noch weiter auszubauen:

Suchen Sie Bilder für größere Zahlenkombinationen, beispielsweise einen Fußball als Symbol für die 11 (Fußballelf). Ein Gespenst (Geisterstunde) oder ein Zifferblatt der Uhr – für die Zwölf funktionieren beide. Auf diese Weise werden Ihre Bildergeschichten kürzer, und Sie können sie sich besser merken. Suchen Sie zu jedem Zahlenbild eine passende Eigenschaft (oder ein Verb), etwa: Ei/faul, Schwan/weiß, Hand/stark, die ab sofort ebenfalls für die entsprechende Zahl steht. Aus der 52 wird ein starker Schwan. Praktischer Nebeneffekt: Die so entstehenden Bilder kurbeln Ihre Fantasie an.

Prägen Sie sich zu jeder Zahl nicht nur eines, sondern am besten gleich mehrere Zahlenbilder ein. Das erleichtert Ihnen das Geschichtenerfinden bei Nummern, die dieselbe Ziffer mehrfach enthalten.

Die Zahlenbilder eignen sich hervorragend als mentale Kreidetafel, also für Zahlen mit weniger Stellen, die Sie nur relativ kurze Zeit behalten müssen, wie Flug- oder Hausnummern. Probieren Sie es das nächste Mal aus, wenn Sie auf Reisen sind.

› Übung

Machen Sie die Probe aufs Exempel: Unten finden Sie einige Nummern. Denken Sie sich zu jeder eine passende Bildergeschichte aus.

20071969	Tag der ersten Mondlandung
3,14159	Die ersten sechs Ziffern der Zahl Pi
299792,458	Lichtgeschwindigkeit in km/s

Wie Sie sehen, sind all dies Zahlenreihen, für die man durchaus wieder Verwendung haben könnte. Vielleicht fällt Ihnen sogar eine Geschichte ein, die zu dem dazugehörigen Begriff passt?

Rechnen mit Zahlenbildern

Mit Hilfe von kleinen Rechenaufgaben können Sie die Zahlenbilder am besten trainieren. Beim „Übersetzen" und Rechnen gehen Ihnen die Bilder wirklich in Fleisch und Blut über.

> **Übung**

Aufgabe	Zahlenwert	Ergebnis
Kleeblatt + Schwan	4 + 2	6
Elefant : Kerze x Schlange		
(Wimpel – Hand) x Dreizack		
Sanduhr x Schlange : Kleeblatt		
Wimpel + Ei – Elefant		

Die Lösung zu dieser Übung finden Sie auf S. 120.

Der ERKO-Code für Meisterschüler

Sicher haben Sie während der Übungen die Vorteile der Zahlenbilder schätzen gelernt: Beim Jahresabschluss, bei Präsentationen oder für Bilanzen sind sie eine große Hilfe. Vielleicht haben Sie aber auch schon festgestellt, dass sich die Zahlenbilder nicht unbegrenzt einsetzen lassen. Bei längeren Zahlenreihen und bei vielen zu merkenden Zahlen werden die Bildergeschichten einfach zu kompliziert – und zu ähnlich. Wenn Sie dieselben Bilder häufig verwenden, dann steigt die Verwechslungsgefahr mit alten Geschichten.

Jetzt hilft Ihnen der ERKO-Code ein großes Stück weiter: Hier stehen Ihnen auch für zweistellige Zahlen Bilder zur Verfügung, was die Geschichten strafft und variantenreicher macht. Wenn Sie häufig mit Zahlen jonglieren, sollten Sie dieses System nutzen. Jeder Ziffer wird ein bestimmter Buchstabe zugeordnet. Diese ERsatzKOnsonanten (ERKO) sind nicht willkürlich gewählt, sondern haben etwas mit der Zahl, für die sie stehen, gemeinsam.

Dieses System soll im Jahre 1648 von einem Herrn J. Winkelmann aus Marburg ersonnen worden sein. Der deutsche Mönch Gregor von Feinaigle aus Konstanz hat es später weiter entwickelt. Heute benutzen es alle Gedächtnissportler und Gedächtniskünstler als Grundlage für ihre Memoriersysteme.

1 = t oder d,	weil sowohl die 1 als auch das t und das d **einen** senkrechten **Strich** enthalten;	
2 = n,	weil n **zwei** senkrechte **Striche** enthält;	
3 = m,	weil m **drei** senkrechte **Striche** enthält;	
4 = r,	weil r der **letzte Buchstabe** des Wortes vie**r** ist;	
5 = l,	weil L das **römische Zeichen für 50** ist;	
6 = ch oder sch,	weil „ch" im Wort se**ch**s enthalten ist;	
7 = g oder k,	weil die Sieben eine **Glückszahl** ist;	
8 = v oder f,	wegen der bekannten **V-8-Motoren;**	
9 = b oder p,	weil der Buchstabe b einer **auf den Kopf gestellten 9** ähnelt;	
0 = z oder s,	weil die Null **im Englischen Zero** heißt.	

Für die Verwendung des Zahlencodes gibt es zwei Möglichkeiten:

> Sie bilden aus den zugordneten Buchstaben ein Wort, zum Beispiel wird aus 660954 der Begriff **Sch** a **ch** s **p** ie **l** e **r**,

> oder Sie bilden aus den zugordneten Buchstaben einen Satz, in dem obigen Beispiel vielleicht „Schöne Schuhe sind bei Lehrern rar."

Anfangs erscheint Ihnen das System vermutlich etwas mühsam. Mit der nötigen Übung haben Sie aber bald den Bogen raus und können sich auch größere Zahlenreihen von bis zu 100 Ziffern schnell und dauerhaft merken. Die Methode ist so effektiv, dass sich Gedächtnissportler mit ihr zum Beispiel in nur fünf Minuten eine Kolonne mit über 200 Ziffern einprägen.

> ## › Übung

Wandeln Sie die Nummern per ERKO-Code um und bilden Sie anschließend Wörter oder Sätze aus den Buchstaben:

594 420

297 210

148 105

Des Rätsels Lösung: Es sind die DIN-Maße für Papiergrößen in Millimetern angegeben. Von oben nach unten: DIN A1, DIN A4, DIN A6 (Postkarte). Übrigens: Das Verhältnis von Höhe zu Breite beträgt bei allen DIN-Papierformaten 1,41 – das entspricht der Wurzel aus 2. Wenn zum Beispiel ein Dokument von DIN A4 auf DIN A3 vergrößert wird, multiplizieren sich alle Längen und Breiten mit dem Faktor 1,41. Dabei verdoppelt sich die Papierfläche.

Übersicht

Das Major-System

1 Tee	26 Nische	51 Latte	76 Koch
2 Noah	27 Nacken	52 Leine	77 Kuckuck
3 Mai	28 Neffe	53 Lama	78 Kaffee
4 Reh	29 Nabe	54 Lore	79 Kappe
5 Eule	30 Maus	55 Lilie	80 Fass
6 Schuh	31 Matte	56 Lasche	81 Fett
7 Kuh	32 Mohn	57 Lack	82 Finne
8 Efeu	33 Mumie	58 Lava	83 Vim
9 Bau	34 Meer	59 Lippe	84 Fuhre
10 Dose	35 Maul	60 Schatz	85 Feile
11 Ted	36 Masche	61 Schuft	86 Fisch
12 Ton	37 Mücke	62 Schein	87 Feige
13 Dom	38 Muff	63 Schwamm	88 Vivil
14 Tor	39 Mappe	64 Schere	89 VIP
15 Taille	40 Rose	65 Schal	90 Bus
16 Tacho	41 Ratte	66 Scheich	91 Boot
17 Decke	42 Rinne	67 Scheck	92 Bohne
18 Tofu	43 Rahm	68 Schiff	93 Baum
19 Taube	44 Rohr	69 Schippe	94 Bär
20 Nase	45 Rolle	70 Käse	95 Ball
21 Note	46 Rüsche	71 Kette	96 Busch
22 Nonne	47 Rock	72 Kahn	97 Bock
23 Name	48 Riff	73 Kamm	98 Beef
24 Nero	49 Rabe	74 Karte	99 Puppe
25 Nil	50 Lasso	75 Kohle	100 Ass

Das Major-System

In der Beispiel-Tabelle finden Sie Bilder für die Zahlen von eins bis hundert. Sie sind nach den Regeln des ERKO-Codes von Seite 56 f. erstellt. Entsprechend beginnen alle Begriffe aus dem Zehner-Block mit „T" oder „D", die aus dem Zwanziger-Block mit „N" usw.

Das System ist viel unkomplizierter, als es auf den ersten Blick erscheinen mag. Gleichzeitig ist es außerordentlich effektiv: Erfolgreiche Gedächtnissportler setzen es bei ihren Meisterschaften ein.

Zugegeben, in diese Methode müssen Sie zunächst etwas Arbeit investieren. Aber es lohnt sich. Wenn Sie die Zahlenbilder einmal beherrschen, können Sie sich auch längere Zahlenreihen leichter merken.

Hier gleich ein Trainingsbeispiel:
Die Folge **2 99 79 24 58** ergibt die Begriffe Noah, Puppe, Kappe, Nero, Lava. Daraus ließe sich folgende Geschichte bauen:
Noah sitzt auf seiner Arche und schnitzt eine Puppe mit einer Kappe. Die Figur misslingt und landet in den Fluten. Zweitausend Jahre später fischt Kaiser Nero sie aus dem Wasser – doch weil auch er die arme Puppe hässlich findet, wirft er sie mit Lichtgeschwindigkeit in die Lava des Vesuvs.

Was die Zahlenfolge bedeutet?
299792,458 km legt das Licht in der Sekunde zurück.

Insgesamt brauchen Sie etwa vier bis fünf Stunden, um sich den gesamten Major-Code einzuprägen. Damit die Menge der Bilder Sie nicht überfordert, haben wir einen kleinen Trainingsplan für Sie ausgearbeitet. Je nach persönlichem Tempo können Sie die Lerneinheiten über mehrere Tage oder Wochen verteilen.

› Übung Kartentrick

Besorgen Sie sich 100 Karteikarten, auf deren Vorder- und Rückseite Sie jeweils eine Zahl und den dazugehörigen Schlüsselbegriff notieren.
Mischen Sie die Karten immer wieder neu – auf diese Weise prägen Sie sich die Begriffe auch außerhalb der bekannten Reihenfolge ein.

Manche Schlüsselbegriffe werden Sie sich schnell merken können, für andere werden Sie etwas mehr Zeit benötigen. Legen Sie die „Problemkinder" auf einem Sonderstapel ab, mit dem Sie intensiver üben. Sobald Sie sich einen solchen Begriff gemerkt haben, wandert er in den anderen Stapel. Umgekehrt rutschen Begriffe, die Sie wieder vergessen haben, in den Sonderstapel.

Trainingsplan, Stufe 1: Die ersten zwanzig Bilder

Jetzt sind Sie wieder an der Reihe: Notieren Sie die ersten 20 Schlüsselwörter für Ihr persönliches Zahleneinmaleins.

Übernehmen Sie dazu die Beispiele aus der Tabelle von Seite 58. Wenn Sie mit einem Begriff wenig anfangen können, lassen Sie Ihre eigene Fantasie spielen.

Füllen Sie die Felder aus, auch wenn Sie die Beispieltabelle komplett übernehmen möchten. Die Erfahrung zeigt, dass bereits das Niederschreiben eine wertvolle Merkhilfe ist.

Wählen Sie möglichst kurze, einfache und anschauliche Begriffe für Ihren persönlichen Code, und orientieren Sie sich bei den Anfangsbuchstaben am ERKO-Code.

1 _____
2 _____
3 _____
4 _____
5 _____
6 _____
7 _____
8 _____
9 _____
10 _____
11 _____
12 _____
13 _____
14 _____
15 _____
16 _____
17 _____
18 _____
19 _____
20 _____

Tipps für die Erstellung Ihres persönlichen Zahlencodes

> Nur keine Eile: Prägen Sie sich die Begriffe nicht auf die Schnelle und flüchtig, sondern lieber langsam und gründlich ein.
> Stellen Sie sich die Begriffe immer möglichst plastisch und bildlich vor.
> Lernen Sie häppchenweise: Schließen Sie die Augen und lassen Sie die ersten fünf Begriffe noch einmal vor Ihrem geistigen Auge vorbeiziehen. Was war die Eins? Was war die Zwei? Gehen Sie dann zu den nächsten fünf Begriffen über.
> Wiederholung macht den Meister: Machen Sie ein paar Stunden Pause und wiederholen Sie den Bildercode anschließend noch einmal – am besten vor dem Schlafengehen.
> Nehmen Sie sich die nächsten 20 Begriffe erst vor, wenn Sie die vorangegangenen hundertprozentig beherrschen.

> Übung

Haben Sie sich alle 20 Zahlen eingeprägt? Dann schreiben Sie hier alle noch einmal der Reihe nach auf – natürlich ohne zu spicken.

1 _____   11 _____

2 _____   12 _____

3 _____   13 _____

4 _____   14 _____

5 _____   15 _____

6 _____   16 _____

7 _____   17 _____

8 _____   18 _____

9 _____   19 _____

10 _____   20 _____

Rechnen mit Bildern

Sind Ihnen die Schlüsselbegriffe inzwischen vertraut? Dann wird es Ihnen nicht schwer fallen, die folgenden Rechenaufgaben zu lösen:

Aufgabe	Zahlenwert	Ergebnis	Lösungswort
Beispiel: Schuh – Reh + Tofu	6 – 4 + 18	20	Nase
Decke + Mai – Efeu – Tee			
Noah x Dose : Eule			
Schuh x Noah + Efeu – Kuh			
(Taube – Mai) : Efeu			

Die Lösung zu dieser Übung finden Sie auf S. 120.

Und hier gleich noch ein Übungsbeispiel zu Zahlenkolonnen, die Sie sich anhand von selbst erdachten Geschichten besser merken können: Prägen Sie sich die folgende 14-stellige Zahlenkombination ein. Sie können die Zahl laut vorsagen, öfter abschreiben und einfach auswendig lernen – so wie früher in der Schule. Oder Sie probieren es mit den Zahlenbildern.

19   13   17   14   12   6   7   20

Stellen Sie sich beispielsweise eine Taube vor, die sich in einem Dom verirrt hat. Ganz aufgeregt fliegt sie an der Decke entlang. Doch plötzlich wird das rettende Tor von einem Besucher aufgemacht. Mit lautem Geschrei und schrillen Tönen fliegt sie hinaus und landet auf einer Kuh mit Schuhen. Zur Begrüßung pickt sie sie in die Nase.

Nun müssen Sie lediglich die Schlüsselwörter in die jeweiligen Zahlen verwandeln:

Taube = 19, Dom = 13, Decke = 17, Tor = 14, Ton = 12, Kuh = 7, Schuh = 6 und Nase = 20

Sie sehen, es ist gar nicht so schwierig, sich eine vierzehnstellige Zahl zu merken. Auch wenn Sie die Geschichte mehrfach durchlesen mussten, ist das ein toller Erfolg. Vor allem, wenn Sie immer der Meinung waren, mit Zahlen Probleme zu haben.

> ## Übung

Lassen Sie Ihre eigene Fantasie spielen. Prägen Sie sich folgende Zahlenreihe mit Hilfe einer Geschichte ein:

5   10   20   14   12   7   18

Probieren Sie aus, ob Sie sich auch in einer Stunde noch an die Geschichte und die dazugehörige Ziffernfolge erinnern können. Je mehr Übung Sie bei diesem spielerischen Lernprogramm haben, desto besser wird es Ihnen gelingen.

Trainingsplan, Stufe 2: Die Zahlenbilder von 21 bis 40

Nehmen Sie sich nun die nächsten zwanzig Begriffe vor. Übernehmen Sie sie aus der Beispieltabelle oder erfinden Sie eigene Schlüsselwörter.

21 _____
22 _____
23 _____
24 _____
25 _____
26 _____
27 _____
28 _____
29 _____
30 _____

31 _____
32 _____
33 _____
34 _____
35 _____
36 _____
37 _____
38 _____
39 _____
40 _____

Teilen Sie die Wörter wieder in Gruppen ein und lernen Sie zunächst die ersten fünf Begriffe, dann die nächsten.

› Übungen

Lernen Sie die folgende Zahlenreihe mit Hilfe der neuen Schlüsselbegriffe:

28 27 26 30 23 24 21

Haben Sie auch noch die Zahlen von 1 bis 20 parat? Dann wird Ihnen auch diese Aufgabe keine Probleme bereiten:

1 17 7 20 37 27 40

Rechnen mit Bildern

Aufgabe	Zahlenwert	Ergebnis	Lösungswort
Mücke – Nonne + Dose			
Maul – Neffe + Mumie			
(Mücke – Kuh) : Maus			
Mohn : Noah + Name			
(Muff + Meer) : Bau			

Die Lösung zu dieser Übung finden Sie auf S. 121.

Trainingsplan, Stufe 3: Die Zahlenbilder von 41 bis 60

Nun sind die Zahlen von 41 bis 60 an der Reihe. Absolvieren Sie das gleiche Lernprogramm wie bei den vorangegangenen Zahlenblöcken.

41 _____	51 _____
42 _____	52 _____
43 _____	53 _____
44 _____	54 _____
45 _____	55 _____
46 _____	56 _____
47 _____	57 _____
48 _____	58 _____
49 _____	59 _____
50 _____	60 _____

› Übungen

Prägen Sie sich folgende Zahlenreihe mit Hilfe der Schlüsselbegriffe ein:

41   52   47   60   59   45

Nun wird es wieder etwas anspruchsvoller, jetzt kommen Zahlen aus dem Bereich von eins bis sechzig zum Einsatz:

37   25   41   33   20   44   34

Rechnen mit Bildern

Aufgabe	Zahlenwert	Ergebnis	Lösungswort
Schatz – Lilie + Rahm			
(Rock – Rolle) x Nabe			
Lippe + Ratte - Lama			
Rabe : Kuh x Schuh			
Latte : Tee – Rüsche			

Die Lösung zu dieser Übung finden Sie auf S. 121.

Hat es funktioniert? Gratulation! Damit haben Sie schon mehr als die Hälfte des Trainingsprogramms absolviert!

Trainingsplan, Stufe 4: Die Zahlenbilder von 61 bis 80

Auf geht's zur vorletzten Etappe. Wählen Sie Schlüsselbegriffe für die Zahlen von 61 bis 80 aus.

61	_____	71	_____
62	_____	72	_____
63	_____	73	_____
64	_____	74	_____
65	_____	75	_____
66	_____	76	_____
67	_____	77	_____
68	_____	78	_____
69	_____	79	_____
70	_____	80	_____

Sobald Sie sich auch diesen Block eingeprägt haben, machen Sie bitte folgende Übungen:

› Übungen

Überprüfen Sie an dem folgenden Beispiel, ob Sie den Code von 61 bis 80 wirklich beherrschen:

66 68 77 76 64 71 65

Nun folgt wieder die gemischte Disziplin. In der nächsten Ziffernfolge stecken Zahlen aus den bisherigen vier Lerneinheiten:

22 74 60 72 48 50 61

Rechnen mit Bildern

Aufgabe	Zahlenwert	Ergebnis	Lösungswort
Kappe – Koch + Karte			
(Kaffee – Käse) x Bau			
Schuft + Schiff – Schal			
Fass : Nase x Taube			
Scheich : Ted + Scheck			

Die Lösung zu dieser Übung finden Sie auf S. 121.

Trainingsplan, Stufe 5: Die Zahlenbilder 81 bis 100

Zeit für den Endspurt: Nur noch zwanzig weitere Zahlen, und Sie beherrschen das gesamte Major-System! Füllen Sie zunächst die folgenden Felder aus:

81 _____	91 _____
82 _____	92 _____
83 _____	93 _____
84 _____	94 _____
85 _____	95 _____
86 _____	96 _____
87 _____	97 _____
88 _____	98 _____
89 _____	99 _____
90 _____	100 _____

Prägen Sie sich nun die neu gelernten Zahlenbilder mit den folgenden Übungen ein:

› Übungen

Machen Sie wieder die Probe aufs Exempel, und prüfen Sie, ob Sie die letzten zwanzig Schlüsselbegriffe beherrschen:

82   84   92   94   96   93   85

Und nun können Sie alle 100 Schlüsselbegriffe einsetzen:

53   12   49   32   93   87   73   62

Natürlich könnte die Zahlenfolge auch eine ganz andere Geschichte ergeben – je nachdem, wie Sie die Ziffern gruppieren.

Rechnen mit Bildern

Aufgabe	Zahlenwert	Ergebnis	Lösungswort
(Bär – Boot) x Mumie			
(Baum : Mai) + Lama			
(Bohne – Rock) x Noah			
Feige – Fuhre + Feile			
(Scheich : Nonne) + Busch			

Die Lösung zu dieser Übung finden Sie auf S. 122.

> Übungen

1. Tiere aufspüren

Im folgenden Zahlensalat hat sich eine Reihe von Tieren versteckt. Finden Sie die Maus, das Lama, den Bären, das Reh, den Kuckuck und die Mücke.

Gehen Sie nun die Zahlen Reihe für Reihe durch. Können Sie sich noch an jeden Schlüsselbegriff erinnern? Schlagen Sie im Zweifelsfall in der Major-Tabelle auf S. 58 nach.

13	31	52	71	83	20	68	26	94	8
84	91	58	2	100	88	64	19	47	76
70	82	12	87	42	17	92	39	65	25
32	1	75	29	62	95	37	51	7	54
45	24	69	56	3	35	78	48	70	85
14	72	10	21	44	66	97	6	33	73
77	57	90	41	27	18	38	53	55	81
63	15	24	11	49	80	30	46	34	16
9	99	89	59	50	98	96	5	60	93
86	40	28	61	74	4	36	43	67	22

2. Meeting in London

Stellen Sie sich vor, Sie müssen zu einem Meeting nach London. Damit nichts schief geht, wollen Sie sich sicherheitshalber vorab alle wichtigen Daten einprägen. Testen Sie dabei möglichst viele der bisher gelernten Methoden. Mit dieser Übung werden Sie feststellen, welcher Weg für Sie der Beste ist.

Taxiruf 779090

Nummer der Firmenkreditkarte
  1219 4718 339

Buchungsnummer 27014

Flugnummer Hinflug LH1720

Abflug 8:30 Uhr

Gate 43

Ankunft 9:40 Uhr London Heathrow

Buchungsnummer Heathrow-Express 1712

Telefonnummer des Hauptsitzes Ihrer
  Firma 0044207138970

Termin für das Meeting 11:30 Uhr

Flugnummer Rückflug LH1730

Abflug 17:45 Uhr

Ankunft 20:35 Uhr

3. Wichtige Geheimnummern

PINs, Kontonummern, Geburtstage der Kunden – überlegen Sie, welche Nummern für Sie im Berufsleben besonders wichtig sind, und entwerfen Sie dazu Ihre persönlichen Geheimcodes.

Persönliche Nummern Top 10	Merkstrategie

Gemischtes Doppel: Buchstaben- und Zahlenkombinationen

Oft gibt es Zahlen oder Buchstaben nicht in Reinform zu merken, sondern als Kombinationen aus Buchstaben und Ziffern.

Sie begegnen Ihnen in Form von Flugnummern auf Ihrer Geschäftsreise, als Autokennzeichen oder Aktenzeichen. Man nennt diese Kombinationen alphanumerische Zeichen.

Um sich diese Gebilde zu merken, müssen Sie verschiedene Merkstrategien miteinander kombinieren. Für die Zahlen verwenden Sie die Zahlenbilder, zum Beispiel aus dem Major-Code. Für die Buchstaben benutzen Sie das folgende Tieralphabet:

A = Affe   N = Nilpferd
B = Biene   O = Otter
C = Chamäleon   P = Pferd
D = Dachs   Q = Qualle
E = Esel   R = Riesenschildkröte
F = Fuchs   S = Stier
G = Gans   T = Tiger
H = Huhn   U = Uhu
I = Igel   V = Vogel
J = Jaguar   W = Wolf
K = Kamel   X = Echse
L = Laus   Y = Hyäne
M = Marder   Z = Zebra

Aus den dazugehörigen Begriffen entwickeln Sie wie gewohnt eine Geschichte als Merkhilfe.

Hier gleich ein alltägliches Beispiel aus dem Berufsleben:

Sie brauchen schon wieder ein neues Passwort für Ihren Rechner! Und der Sicherheitschef Ihrer Firma besteht darauf, nur völlig sinnlose Ketten aus Buchstaben und Ziffern zu verwenden, nämlich

m32K40xP96

Dazu könnten Sie sich folgende Geschichte merken: Ein **kleiner Marder** geht im **Mohn**feld spazieren. Als Erstes trifft er ein ziemlich **großes Kamel**, das mit **Rosen** geschmückt ist. „Willst du mit mir wandern?", fragt der **kleine Marder.** „Nein, aber frag doch mal die **kleine Eidechse** oder das **große Pferd** hinter dem **Busch.**"

1. Passwort merken

Ihre Kollegin fährt in den Urlaub und bittet Sie, von Zeit zu Zeit ihre E-Mails abzurufen. Dazu müssen Sie sich auch ihr Passwort merken:

g2765Le7890

Denken Sie sich hierzu nun bitte eine passende Geschichte aus.

_____

_____

_____

_____

_____

_____

_____

_____

_____

2. Autokennzeichen einprägen

Ihr Auto ist in der Werkstatt und Sie haben einen dringenden Kundentermin. Netterweise überläßt Ihnen Ihr Kollege seinen Wagen, einen blauen Golf. Da es davon ziemlich viele auf dem Büroparkplatz gibt, sollten Sie sich das Kennzeichen gut einprägen:

HU – DA – 3994

Bitte formulieren Sie auch hierzu eine für Sie plausible Merkhilfe.

_____

_____

_____

_____

_____

_____

_____

_____

_____

3. Gedächtnistraining für Sprache

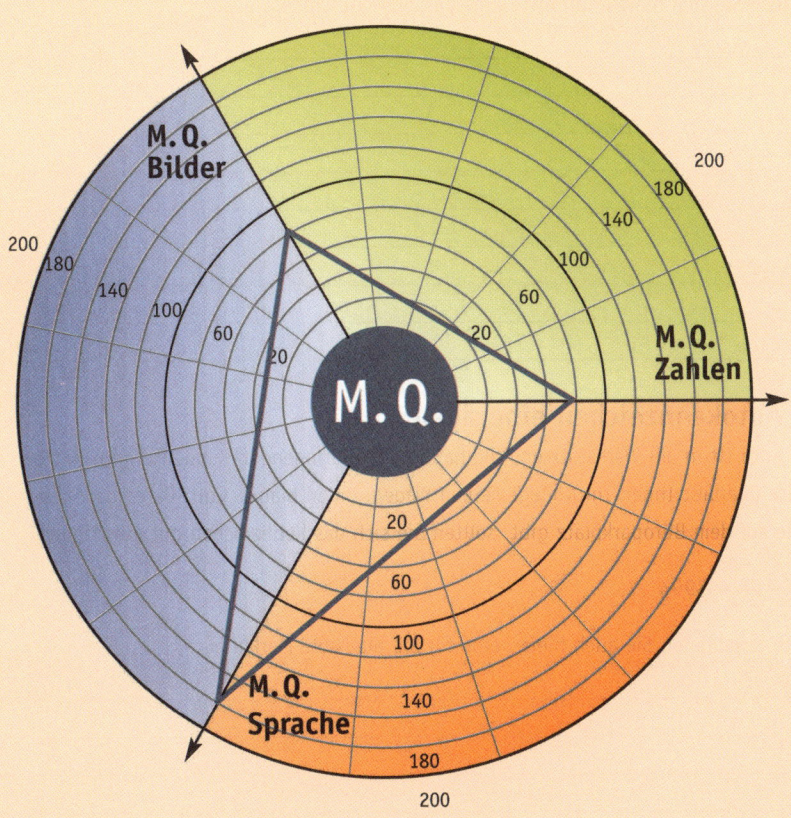

»Sprache
ist die Kleidung
der Gedanken.«

Samuel Johnson (1709–1784),
englischer Dichter und Literaturkritiker

Gedächtnis-training für Sprache

Ein Bild sagt mehr als viele Worte

Kinder entdecken mühelos in den ersten Lebensjahren Wörter und grammatische Strukturen.

Später wird die Sache meist anstrengender. Haben Sie Schwierigkeiten, sich Fremdwörter und Vokabeln einzuprägen? Vergessen Sie den Inhalt eines Textes ebenso schnell, wie Sie ihn gelesen haben? Sind Sie aufgeschmissen, wenn Sie Ihre Erledigungsliste nicht finden können? Oder haben Sie Angst, bei einem Vortrag den Faden zu verlieren?

Lassen Sie sich von solchen Problemen nicht entmutigen. Wir haben in diesem Kapitel einige Methoden für Sie zusammengestellt, mit denen Sie selbst sperrige Vokabeln, lange Begriffslisten und schwierige Texte in den Griff kriegen.

Bildergeschichten

Die einfachste Methode, mit der Sie sich eine Wortliste einprägen können, ist die Bildergeschichte. Verknüpfen Sie die Begriffe durch eine Erzählung. Auf diese Weise stehen die zusammenhanglosen Wörter miteinander in Verbindung – und Sie können sie sich viel besser merken.

Diese Methode eignet sich vor allem dazu, sich kürzere Wortlisten von 10 bis maximal 20 Begriffen einzuprägen.

> ### › Beispiel
>
> Aus den Worten Clown – Kapstadt – Boa – Personalausweis – Pfefferminzbonbon und Van Gogh ließe sich folgende Geschichte spinnen:
>
> Ein Clown ist zu einem internationalen Artistentreffen in Kapstadt eingeladen. Auf dem Weg zum Flughafen verschlingt seine Boa constrictor dummerweise seinen Personalausweis. Zum Glück gelingt es ihm, sie mit einem Pfefferminzbonbon zu bestechen, sodass sie den Ausweis wieder ausspuckt. Sein alter Kumpel, der seines künstlerischen Talentes wegen Van Gogh genannt wird, bessert die am Ausweis entstandenen Schäden unauffällig wieder aus.

Nun sind Sie dran: Versuchen Sie, sich bei den folgenden Übungen an so viele Begriffe wie möglich – und vielleicht auch in der richtigen Reihenfolge – zu erinnern.

1. Not am Mann

Ihr Lieferant hat Sie im Stich gelassen. Kurz entschlossen fahren Sie in den nächsten Laden für Büroartikel, um sich mit den wichtigsten Utensilien einzudecken. Prägen Sie sich die folgenden Begriffe ein, indem Sie sie in eine Geschichte einbinden:

Druckerpatrone – Heftklammern – Stempelkissen – Textmarker – Papier – Briefumschläge – Paketband – Computermaus – Disketten – Prospekthüllen

Decken Sie nun die Begriffe mit einem Stück Papier ab. Zählen Sie anschließend fünf Tiere auf, die mit dem Buchstaben „A" beginnen.

Anschließend notieren Sie die Begriffe von Ihrer Einkaufsliste mit Hilfe Ihrer Geschichte:

1. _____   6. _____
2. _____   7. _____
3. _____   8. _____
4. _____   9. _____
5. _____   10. _____

2. Abschiedsparty

Ein lieber Kollege verlässt die Firma. Sie sind mit der Organisation der Abschiedsparty betraut. Sicherheitshalber prägen Sie sich alle notwendigen Vorbereitungen ein.

Ballons – Blumen – Sekt – Mineralwasser – Mikrofon – Verlängerungskabel – Abschiedsgeschenk – Fotoapparat

Decken Sie die Begriffe mit einem Stück Papier ab. Bevor Sie die Liste aus dem Gedächtnis niederschreiben, beantworten Sie noch rasch folgende Frage: Welche Blumensorten fallen Ihnen ein, die blau blühen?
Nun notieren Sie bitte die gemerkten Partyutensilien:

1. _____   5. _____
2. _____   6. _____
3. _____   7. _____
4. _____   8. _____

Die Loci-Methode

Eine der besten Methoden, sich längere Wortlisten zu merken, ist die so genannte „Loci-Methode". Ihr Name leitet sich von dem lateinischen Begriff „locus" (Ort) ab. Tatsächlich wurde sie bereits von den Rednern der Antike mit großem Erfolg eingesetzt. Um sie anwenden zu können, müssen Sie allerdings ein wenig Vorarbeit leisten.

Nun können Sie, wann immer Sie sich etwas merken wollen, die einzelnen Punkte an Ihrem Arbeitsplatz ‚festmachen', zum Beispiel eine stattliche Anzahl von Begriffen, die Sie für ein Fachgespräch benötigen, oder die einzelnen Tätigkeiten Ihrer Erledigungsliste für die kommende Woche.

Auf Ihrer To-Do-Liste für den heutigen Tag steht beispielsweise als Erstes ein Gang zur Post. Anschließend müssen Sie dringend eine Geschäftsreise buchen und deshalb einen Zahnarzttermin verschieben.
Tauschen Sie vor Ihrem geistigen Auge Ihre Bürotür gegen einen riesigen Briefumschlag aus, stellen Sie ein Flugzeug in das Regal, und beißen Sie ein Stück von der Schreibtischplatte ab.

Wie Sie sehen, ist auch hier wieder viel Fantasie gefragt: Je bizarrer die Bilder sind, die Sie sich ausdenken, desto besser können Sie sich später daran erinnern.

> ## Übung

Stellen Sie sich Ihren Arbeitsplatz in allen Details vor, denn den kennen Sie ja in- und auswendig, und verteilen Sie dabei der Reihe nach die Zahlen von eins bis zehn. Zum Beispiel könnte die Bürotür für die Zahl eins stehen, das Regal für die Zwei, der Schreibtisch für die Drei, das Telefon für die Vier, etc. Jeder dieser zehn Orte soll Ihnen in Zukunft als Ankerplatz für Begriffe dienen, prägen Sie sich deshalb den Code gut ein.

1. _____
2. _____
3. _____
4. _____
5. _____
6. _____
7. _____
8. _____
9. _____
10. _____

> ### Brain Snack

Benutzen Sie Ihren Körper als Gedächtnisstütze: die Körperteile und -regionen, von der Stirn bis zur Zehe. Der Vorteil: Sie haben Ihren persönlichen Merkzettel immer dabei. Probieren Sie es mal mit Ihrer nächsten Erledigungsliste aus.

Jetzt ist wieder einmal Ihre Kreativität gefragt. Bei der folgenden Übung geht es darum, passende Symbole als Eselsbrücken für die zu merkenden Begriffe zu finden. Beispielsweise könnten Sie Spanien mit einem Stier belegen oder bei Italien an eine Pizza denken ...

Natürlich können Sie die Loci-Methode ganz nach Bedarf ausweiten. Gedächtniskünstler, die sich mehrere hundert Begriffe in der richtigen Reihenfolge merken müssen, schlendern beispielsweise durch die Zimmerfluchten von Versailles, den Berliner Kudamm hinunter oder durch das Weiße Haus.

Die Loci-Methode kann aber auch zum Einprägen von Zahlen eingesetzt werden. Mehr zu diesem Thema finden Sie auf Seite 52.

> ## Übung Ländervertretung

Sie arbeiten für einen internationalen Konzern, der in zehn Ländern vertreten ist. Welche das sind und auf welchem Platz der Umsatzstatistik die jeweiligen Zweigstellen liegen, prägen Sie sich mit der Loci-Methode ein. Tipp: Suchen Sie zu jedem Land ein passendes Symbol (siehe oben).

1. Japan	2. Australien	3. Mexiko	4. USA	5. Brasilien
6. Großbritannien	7. Frankreich	8. Ägypten	9. Ungarn	10. Island

Decken Sie die Liste mit einem Blatt Papier ab. Spazieren Sie nun in Gedanken durch Ihr Büro. Sehen Sie Ihre Fantasiebilder wieder vor sich? Dann notieren Sie sich die Ländernamen in der richtigen Reihenfolge:

1. _____   6. _____

2. _____   7. _____

3. _____   8. _____

4. _____   9. _____

5. _____   10. _____

Eine freie Rede halten

Sprechen vor Publikum ist nicht jedermanns Sache. Treten auch Ihnen bei dem bloßen Gedanken daran Schweißperlen auf die Stirn? Keine Bange: Gut vorbereitet gewinnen Sie die nötige Sicherheit und verlieren garantiert nicht den Faden. Und: Mit ein paar Tricks können Sie es sogar wagen, frei zu sprechen – ganz ohne Notizen.

Die vier Schritte zur souveränen Rede:

1. Sammeln
2. Strukturieren
3. Verankern
4. Einüben

Schritt 1: Sammeln

Wenn Sie mit dem Thema Ihrer Rede noch nicht sehr vertraut sind, eignen Sie sich als Erstes das nötige Wissen an, beispielsweise

> anhand von Fachzeitschriften,
> im Internet oder
> indem Sie Personen befragen, die sich gut auskennen. Notieren Sie nun kreuz und quer alles, was Ihnen für Ihre Rede nützlich erscheint: Inhalte, Ideen, Zitate, Beispiele.

Schritt 2: Strukturieren

Schreiben Sie eine kurze Gliederung.
1. Was sind die wichtigsten Punkte?
2. Welche Reihenfolge ist sinnvoll?
3. Wohin soll die Rede führen?

Notieren Sie anschließend die einzelnen Punkte mit den dazugehörigen Unterpunkten stichwortartig auf maximal zehn Karteikarten. Verzichten Sie auf einen komplett ausformulierten Text – geschriebene Sprache wirkt vorgetragen hölzern und unnatürlich und erschwert den Zuhörern in der Regel das Verständnis.

> **Brain Snack**
> ## MindMap
>
> Alternativ zum Karteikartensystem können Sie Ihre Rede auch als MindMap entwerfen (siehe Seite 116). Der entscheidende Vorteil: Sie sehen alle Details auf einen Blick.

Schritt 3: Verankern

Die Hauptarbeit haben Sie bereits geleistet. Nun müssen Sie sich die einzelnen Punkte nur noch einprägen. Gehen Sie die Karteikarten mehrfach in Gedanken durch. Damit Sie sich einzelne Fakten und Zahlen merken können, nutzen Sie Assoziationsmethoden wie die Bildergeschichten von Seite 73 oder die Zahlenbilder von Seite 54. Wenn Sie während der Rede auf Ihre Karteikarten verzichten wollen, kann Ihnen die Loci-Methode als Merkhilfe dienen: Machen Sie die Hauptelemente Ihrer Rede der Reihe nach an Ihren persönlichen Ankerplätzen fest.

Schritt 4: Einüben

Besonders, wenn Sie noch nicht so erfahren im Sprechen vor Publikum sind, sollten Sie Ihre Rede ein- oder zweimal im stillen Kämmerlein proben. Vielleicht gibt es sogar jemanden, der sich als Testpublikum zur Verfügung stellt, oder Sie proben vor einem Spiegel.

Ein guter Tipp gegen das Lampenfieber: Formulieren Sie die ersten Sätze schon einmal aus – so fällt Ihnen der Einstieg leichter, Sie kommen schneller in Schwung und ziehen Ihr Publikum von Anfang an in Ihren Bann.

Zitate sind die Würze für jeden guten Vortrag. Versuchen Sie sich mit der Loci-Methode folgende Zitate von André Kostolany einzuprägen:

„Wer viel Geld hat, kann spekulieren; wer wenig Geld hat, darf nicht spekulieren; wer kein Geld hat, muss spekulieren."

„Die größte Spekulation der Welt wäre es, einen Politiker zu dem Wert einzukaufen, den er hat, und ihn zu dem Wert zu verkaufen, den er sich selbst einräumt."

„An der Börse sind 2 mal 2 niemals 4, sondern 5 minus 1. Man muss nur die Nerven und das Geld haben, das Minus 1 auszuhalten."

„Entscheidungen über Geld trifft man, indem man die Zeitungen zwischen den Zeilen liest ..."

„Börsengewinne sind Schmerzensgeld. Erst kommen die Schmerzen, dann das Geld ..."

„Wer die Aktien nicht hat, wenn sie fallen, der hat sie auch nicht, wenn sie steigen ..."

„Mit wenig Wünschen und vielen kleinen Vergnügen so lange wie möglich zu leben, macht den Sinn des Lebens aus."

> ### › Übung
> #### Kurze Ansprache
>
> Nun können Sie Ihre neu erworbene Fähigkeit unter Beweis stellen. Erarbeiten Sie zu einem der folgenden Themen eine kurze Rede. Nehmen Sie sich für die Vorbereitung zehn Minuten Zeit:
> Thema 1: Teamwork
> Thema 2: Mobbing
> Thema 3: Frauen in Führungspositionen

Natürlich können Sie die Methode und die Tricks fürs freie Reden in allen typischen Situationen anwenden:

> Wenn Sie sich auf ein Einstellungsgespräch vorbereiten.
> Wenn Sie Ihren Chef oder Ihre Chefin auf eine Gehaltserhöhung ansprechen wollen.
> Wenn Sie sich spezielle Verkaufsargumente für Kundengespräche merken müssen.

Eine Fremdsprache lernen

Eine Fremdsprache zu beherrschen ist natürlich eine feine Sache: Sie kommen Land und Leuten näher und profitieren meist auch beruflich von Ihren speziellen Kenntnissen. Doch bis Sie die neue Sprache nutzbringend einsetzen können, müssen Sie erst einmal ziemlich viel Zeit investieren. Damit Ihnen bei diesem Langzeitprojekt nicht die Puste ausgeht, haben wir folgende Tipps für Sie:

> Kurbeln Sie Ihre Motivation an.
> Überfordern Sie sich nicht.
> Lernen Sie mit allen Sinnen.

> Übung

Tragen Sie sich mit dem Gedanken, Ihre Sprachkenntnisse zu verbessern? Notieren Sie möglichst viele gute Gründe, weshalb sich das für Sie persönlich lohnen würde:

- _____
- _____
- _____
- _____
- _____

Kurbeln Sie Ihre Motivation an

Ohne eine gehörige Portion Enthusiasmus läuft beim Sprachenlernen nichts. Werfen Sie einen Blick auf Ihre Gute-Gründe-Liste.

> Ist die neue Sprache vielleicht für eine Karriere im Ausland wichtig? Dann malen Sie sich aus, wie Sie dank der Fremdsprache in Ihrer neuen Position agieren.
> Oder Sie stellen sich vor, wie Sie erfolgreich ein Kundengespräch in der entsprechenden Fremdsprache führen.
> Notieren Sie auch kleinere Motivationshilfen. Vielleicht möchten Sie bei einem Geschäftsessen im Ausland mühelos im Restaurant ein Menü bestellen können.

Je genauer Sie sich solche motivierenden Szenen vorstellen, desto besser! Und belohnen Sie sich von Zeit zu Zeit selbst für Ihren Lerneifer – vielleicht mit einer DVD in der entsprechenden Fremdsprache?

Überfordern Sie sich nicht

Nehmen Sie sich nicht zu viel auf einmal vor. Vor allem, wenn Sie Ihr Gehirn längere Zeit nicht trainiert haben, sollten Sie mit kleinen Einheiten beginnen. Lernen Sie lieber fünfmal wöchentlich 20 Vokabeln und das intensiv und regelmäßig, als 100 am Stück, die Sie schnell wieder vergessen. Nach und nach können Sie Ihr Lernpensum leichter erhöhen.

Lernen Sie mit allen Sinnen

Am effektivsten lernen Sie eine Sprache natürlich in dem Land, in dem sie gesprochen wird. Aber wer kann sich schon einfach aus dem Berufs- und Privatleben ausklinken? Zum Glück gibt es einiges, was Sie auch vor Ort tun können.

> Sie wollen Französisch lernen? Dann besorgen Sie sich CDs mit Chansons. Ihr Ziel sollte es sein, lauthals mitzusingen. Dafür müssen Sie genau auf die Texte und ihre Aussprache achten.

> Sehen Sie sich Filme in der Originalversion an und lesen Sie dabei die Untertitel.

> Kochen Sie nach Rezepten aus der entsprechenden Region und schlagen Sie alle verwendeten Zutaten im Lexikon nach.

> Wenn Sie schon fortgeschrittener sind, dann besorgen Sie sich spannende Bücher in der entsprechenden Sprache.

> Gönnen Sie sich ein verlängertes Wochenende im Ausland und versuchen Sie, Ihre neu erworbenen Kenntnisse möglichst oft einzusetzen.

Vokabeln lernen

Sicher kennen Sie dieses Phänomen: Einige Vokabeln oder Fremdworte sitzen sofort – andere können Sie sich partout nicht merken. Für derart widerspenstige Wörter wollen wir Ihnen eine clevere Lernmethode vorstellen: das Verbildern.

Verbildern

Auch in fremdsprachlichen Vokabeln lässt sich mit ein wenig Fantasie etwas Bekanntes entdecken:

> ### > Beispiel

In dem englischen Begriff „bargain" – zu Deutsch „Geschäft" – lassen sich mit etwas gutem Willen die Worte „Bar" und „gehen" wiederfinden. Stellen Sie sich vor, wie Sie nach Abschluss eines guten *Geschäfts* in eine *Bar gehen* und darauf anstoßen – fertig ist die Eselsbrücke!

Ein weiteres Beispiel: „mist" – zu Deutsch „Nebel" oder „Dunst". Stellen Sie sich vor, wie Sie im *Nebel* gegen einen *Misthaufen laufen und laut schimpfen: „Mist!"*

Oder „to languish" – zu Deutsch „ermatten". Mögliche Ersatzworte wären „lang" und „wischen". Stellen Sie sich vor, wie Sie ein Tablett fallen lassen, danach „lang wischen" müssen und dabei zusehends *ermatten*.

Übrigens: Es ist nicht nötig, den perfekten Ersatzbegriff zu finden. Was Ihnen spontan einfällt, reicht, um Ihre Erinnerung anzukurbeln.

> Übung

Nun sind Sie am Zug. Prägen Sie sich die folgenden englischen Vokabeln ein, indem Sie einen oder mehrere Ersatzbegriffe für sie suchen:

augmentation [ɔːgmen'teiʃən] – Vermehrung, Zunahme
Bild: _____

yield [jiːld] – Rendite, Ertrag, Resultat
Bild: _____

lawsuit [lɔːsjuːt] – Gerichtsprozess
Bild: _____

entitle [in'taitl] – berechtigen
Bild: _____

trolley ['trɔli] – Gepäckwagen
Bild: _____

contradict [kɔntrə'dikt] – widersprechen
Bild: _____

breach [briːtʃ] – Vertragsverletzung
Bild: _____

Die Superlearning-Technik

Diese spezielle Lernmethode wurde Mitte der Sechzigerjahre von dem bulgarischen Neurologen und Psychotherapeuten Prof. Georgi Lozanov entwickelt. Sie basiert auf verschiedenen wissenschaftlichen Erkenntnissen:

> Lernen ist wesentlich effektiver, wenn es in einem positiven und tief entspannten mentalen Zustand erfolgt. Dieser kann mit etwas Übung gut durch Meditation, Atemübungen oder auch autogenes Training erreicht werden.

> Durch das Einbeziehen von Bewegung, Musik und kreativen Techniken werden beide Gehirnhälften aktiviert und koordiniert, was den Lernvorgang unterstützt.

> Der Lernende profitiert, wenn er mehrere Wahrnehmungskanäle nutzt.

Untersuchungen ergaben, dass Lernstoff, der sich mit Hilfe der Superlearning-Technik eingeprägt hatte, nach drei Monaten noch bis zu 90 Prozent erinnert wurde – mit herkömmlichen Lernmethoden wurden dagegen nur 30 Prozent erinnert.

> Übung

Sie sind zu einer Tagung nach Nairobi eingeladen. Als höflicher Mensch wollen Sie sich wenigstens einige Brocken der Landessprache Kisuaheli aneignen. Prägen Sie sich die Vokabeln ein, indem Sie passende Bilder zu ihnen finden:

Willkommen – Karibu

Bild: _____

Hallo, guten Tag – Jambo

Bild: _____

Wie geht es dir? – Habari gani?

Bild: _____

Auf Wiedersehen – Kwaheri

Bild: _____

Bitte – tafadhali

Bild: _____

Danke – Asante

Bild: _____

Entschuldigen Sie bitte – Samahani

Bild: _____

Bitte helfen Sie mir – Nisaidie, tafadhali

Bild: _____

Ich bin (sehr) durstig – Nina kiu

Bild: _____

Klosett – Choo

Bild: _____

Bus – Machimbombo

Bild: _____

Lernen mit Karteikarten

Besonders effektiv lernen Sie Vokabeln und Fremdwörter mit Hilfe von Karteikarten. Notieren Sie den neuen Begriff auf die Vorderseite, die deutsche Bedeutung auf die Rückseite.

Legen Sie in Ihrem Karteikasten drei Fächer an und sortieren Sie: Die Vokabeln, die Sie noch nicht beherrschen, kommen in das erste Fach, Vokabeln, die Sie schon richtig behalten haben, in das mittlere, und Vokabeln, die richtig gut „sitzen", in das dritte Fach.

Gehen Sie die drei Fächer in regelmäßigen Abständen noch einmal durch – das erste Fach möglichst häufig –, so lange, bis alle Karten im zweiten Fach gelandet sind. Das zweite Fach bearbeiten Sie alle sieben Tage, das dritte Fach alle sechs Monate.

Die Vorteile dieser Methode:

> Sie lernen nur, was Sie wirklich noch nicht beherrschen. Schwieriger und vergessener Lernstoff wird öfter wiederholt.
> Sie vermeiden überflüssiges Wiederholen.
> Der Lernstoff wird in kleinste Teile zerlegt.
> Sie haben einerseits einen Überblick über das, was Sie noch nicht können, stellen aber gleichzeitig sicher, dass Sie keinen Begriff übersehen.
> Sie benötigen insgesamt weniger Zeit für das Lernen.
> Die Kärtchen können sehr einfach selbst hergestellt werden.
> Sie erhalten immer wieder kleine Erfolgserlebnisse, wenn Sie eine Karte in das nächste Fach legen können.

Ganze Sätze lernen

Notieren Sie zu jeder Vokabel einen passenden Satz und lernen Sie diesen gleich mit. Das ist zwar etwas mehr Arbeit, zahlt sich aber aus.

> Die zunächst bedeutungslosen Wörter werden in einen Zusammenhang gebettet – das erleichtert Ihnen die Erinnerung.
> Wenn Sie sofort ganze Sätze lernen, fällt Ihnen das Reden in der Fremdsprache später leichter – und das ist schließlich Ihr Ziel!

Texte schnell und gründlich lesen

Vielleicht kommen Ihnen einige der folgenden Situationen bekannt vor:

> Sie sitzen in einem Meeting und stellen fest, dass Ihnen entscheidende Informationen fehlen, weil Sie ein wichtiges Rundschreiben übersehen haben.
> Sie löschen E-Mails und entsorgen Briefe, obwohl Sie sie noch nicht vollständig gelesen haben.
> Sie haben einen ständig wachsenden Stapel mit ungelesener Fachliteratur, Briefen und Firmenmemos auf Ihrem Schreibtisch.
> Sie erscheinen zu spät zu einer wichtigen Sitzung, weil Sie die E-Mail mit der Terminänderung nicht gelesen haben.

Die Entschuldigung für solche Patzer ist meist Zeitmangel. Dank Computertechnik und Internet reicht heute schon ein Mausklick, um Texte zu vervielfältigen und zu verteilen. So werden Sie mit wichtigen und unwichtigen Informationen überschüttet: Unzählige E-Mails und Newsletter landen auf Ihrem Bildschirm, Memos stapeln sich und unentwegt wird neues Fachwissen publiziert. Verständlich, dass Sie das Gefühl haben, diese Flut beim besten Willen nicht bewältigen zu können.

Dabei ist Informiertheit ein entscheidender Schlüssel für Ihren beruflichen Erfolg. Nur wenn Sie wissen, was in Ihrer Firma und Branche passiert, welche Neuerungen es gibt und welche Trends sich abzeichnen, dann

> können Sie mitreden;
> werden Sie als kompetente(r) Fachmann oder -frau wahrgenommen;
> vermeiden Sie peinliche Situationen.

Lesen im Internet

Im Internet liest man langsamer und unkonzentrierter. Im Folgenden finden Sie ein paar elementare Punkte, damit Sie nicht zu viel Zeit verschwenden:

> Prüfen Sie Texte immer erst auf ihre Relevanz.
> Drucken Sie wichtige Texte aus und lesen Sie sie dann auf Papier.
> Lassen Sie sich prinzipiell nicht von Werbebannern und sonstigen aufdringlichen Elementen ablenken. Konzentrieren Sie sich auf den Textkörper, der sich ändert. Dieser befindet sich meistens in der Mitte der Seite. Mit „Blockern" können Sie störende Elemente wie Banner und PopUp-Windows auch ausblenden lassen.
> Benutzen Sie bei langen und unübersichtlichen Texten die Suchfunktion im Browser („Durchsuchen"), um per Stichwort nach einer bestimmten Stelle auf der Seite zu suchen.

Die Speed-Reading-Technik

Einen Ausweg aus dem Dilemma von zu wenig Zeit und zu viel Geschriebenem ist das Speed Reading. Es basiert auf der Erkenntnis, dass das menschliche Gehirn Texte mit hoher Geschwindigkeit verarbeiten kann. Zum Vergleich: Als durchschnittlicher Leser nehmen Sie Geschriebenes mit einer Geschwindigkeit von 200 bis 240 Worten pro Minute auf. Dabei kann Ihr Gehirn mit etwas Training 1000 Worte pro Minute und mehr verarbeiten!

Im Berufsleben begegnen uns viele Situationen, in denen es erhebliche Vorteile bringt, schneller zu lesen und das Gelesene auch wirklich zu erfassen. Denken Sie nur daran, wie häufig Sie sich mit Lesestoff fortbilden, Branchenmitteilungen sondieren oder Protokolle kontrollieren. Hinzu kommt, je nach Branche, noch die Lektüre von Fachzeitschriften, Katalogen, Produktbeschreibungen, Gebrauchsanleitungen und Ähnlichem.

Im Folgenden haben wir einige Profitipps für Sie zusammengestellt, mit denen Sie Ihr Lesetempo um ein Vielfaches erhöhen können. Einige Methoden wirken sofort, bei anderen spüren Sie den Effekt erst, wenn Sie eine Weile trainiert haben.

Übersicht

Fünf Profitipps für schnelles Lesen

Das Geheimnis des Schnell-Lesens besteht darin, dass Sie einen Text nicht Wort für Wort lesen und analysieren, sondern die Zeilen überfliegen und nach wichtigen Informationen absuchen.

1. **Informationen filtern:** Bevor Sie in einen Text einsteigen, überlegen Sie sich, was für Informationen Sie aus ihm gewinnen wollen. Auf diese Weise stellen Sie Ihre Wahrnehmungsfilter so ein, dass genau die Inhalte hängen bleiben, die für Sie relevant sind.

2. **Erweitern Sie Ihr Blickfeld**: Lesen Sie nicht Wort für Wort, sondern versuchen Sie ganze Wortgruppen zu erfassen. Ein untrainierter Leser hat eine Blickspanne von einem Wort mit etwa fünf Buchstaben. Durch intensives und kontinuierliches Augentraining lässt sich die Blickspanne auf drei bis sieben Worte – je nach Wortlänge – erweitern. Bei leichteren Texten können Sie sogar mehrere Zeilen gleichzeitig erfassen.

3. **Kontinuierlich lesen:** Springen Sie nicht zu früheren Ausdrücken und Wendungen zurück, um zu überprüfen, ob Sie auch alles verstanden haben. Vertrauen Sie Ihrem Gehirn; es verarbeitet die Informationen viel schneller, als Sie glauben. Tatsächlich haben Untersuchungen ergeben, dass schnelle Leser mehr verstehen. Sie können den Hauptgedanken des Textes besser folgen, während langsame Leser sich in Einzelheiten verzetteln.

4. **Schlagwörter im Visier:** Nicht jedes Wort ist für das Textverständnis gleich wichtig. Konzentrieren Sie sich daher auf wichtige Schlagwörter (meist Hauptwörter, Zahlen und andere Fakten) und lesen Sie die übrigen Wörter nebenbei mit.

5. **Variieren Sie das Tempo:** Viele Leser behalten unabhängig vom Text immer das gleiche Lesetempo bei – egal wie kompliziert er ist. Dabei gibt es selbst innerhalb nur eines Textes unterschiedliche Schwierigkeitsgrade. Versuchen Sie schneller zu lesen, wenn es der Text zulässt, und das Tempo nur bei schwierigen Abschnitten zu reduzieren.

> Übungen

1. Speed Reading in der Praxis

Probieren Sie die Speed-Reading Techniken gleich an folgendem Text aus. Sie sollten dafür nur etwa 30 Sekunden aufwenden.

„Irgendetwas muss sich hier sofort grundlegend ändern!" Genau das ist das Problem. Sie haben sich vielleicht zu diesem mehrere Wochen dauernden Programm entschlossen, weil Sie sich ein anderes Zeitmanagement wünschen, mit dem Sie Ihren chronischen Zeit-mangel und die Dauer-Hetze endlich in den Griff bekommen. Was genau sich ändern soll, wissen Sie auch noch nicht im Detail, aber Sie hoffen, dass der Stress weniger wird und Ihnen dieses Buch dazu eine fundierte Anleitung liefert.

Gut, fangen wir an: Die erste Woche Ihres Vier-Wochen-Programms wird Sie darin unter-stützen, wieder einen klaren Kopf zu bekommen, und Sie in einen Zustand versetzen, in dem Veränderungen überhaupt erst möglich werden. Sie werden das unspezifische Gefühl, dass die Dinge nicht so laufen, wie Sie möchten, und dass Sie ständig in Hetze sind oder nicht zu dem kommen, was Sie eigentlich gern tun möchten, wertfrei überprüfen.

Dabei liegt die Betonung auf wertfrei. Hier geht es nicht darum, mit sich selbst zu ha-dern oder schon handfeste Strategien zu entwerfen, was Sie besser machen oder ändern könnten. Konzentrieren Sie sich in dieser Woche einfach darauf, eine sachliche Adler-perspektive zu entwickeln. Schauen Sie sich in Ihrem Alltag selbst aufmerksam über die Schulter.

(Text aus: Ute Elisabeth Herwig: „Zeit-Diät. Zeit managen und Stress abbauen ohne Jojo-Effekt",
Gräfe und Unzer Verlag)

Decken Sie nun den Text ab und beantworten Sie folgende Fragen:
> Warum hat der Leser sich zur Zeit-Diät entschlossen?
> Was lernt der Leser in der ersten Woche des Vier-Wochen-Programms?
> Was versteht die Autorin unter dem Begriff „wertfrei"?

Sie konnten alle Fragen beantworten? Gratulation! Damit haben Sie – trotz des unge-wohnt hohen Lesetempos – alle wesentlichen Punkte des Textes erfasst.

2. Auf einen Blick

Je mehr Buchstaben und Wörter Sie auf einen Blick erkennen können, desto schneller können Sie lesen. Decken Sie die Wortpaare zunächst mit einem Blatt Papier ab und schieben Sie dann das Papier langsam nach unten. Achten Sie dabei auf den Gedankenstrich. Bei den kürzeren Wortpaaren werden Sie schnell beide Wörter auf einen Blick erkennen können, bei den längeren werden Sie etwas trainieren müssen.

Mut – Hut	Dank – Hand	Fisch – Kasse
Schere – laufen	kaufen – fahren	blau – grau
Not – Lot	Lanze – Glanz	Bad – Lid
Wand – Sand	Regal – Glück	Karten – Garten
Rad – Fee	Lied – Wind	Kugel – Türen
laufen – Bücher	nie – wie	Haus – Kanu
Küche – Kegel	Herbst – Locher	Blume – Schuhe

Komplexe Texte

Speed Reading hilft Ihnen bei der schnellen Bewältigung aller Arten von informativen Texten. Für den effektiven Umgang mit komplizierteren Texten gibt es aber noch einige Extratipps für Sie.

Faustregeln für gründliches Lesen

1. **Überfliegen:** Lesen Sie den Text mit Hilfe der Speed-Reading-Methoden einmal schnell durch, sodass Sie einen ersten Überblick gewinnen.

2. **Analysieren:** Lesen Sie den Text ein zweites Mal, aber gründlicher. Was sind die zentralen Aussagen, Botschaften und Argumente des Textes? Bei besonders komplexen Themen kann Ihnen ein MindMap helfen, logische Strukturen zu erkennen und den Überblick zu behalten.

3. **Einprägen:** Prägen Sie sich alle wichtigen Fakten ein. Das geht besonders gut, wenn Sie laut lesen. Begriffe, Namen oder Zahlen, die Ihnen Schwierigkeiten bereiten, können Sie mit Hilfe von assoziativen Gedächtnistechniken speichern.

4. **Rekapitulieren:** Zum Schluss rufen Sie sich noch einmal die wichtigsten Elemente des Textes ins Gedächtnis. Dann fassen Sie den Inhalt des Gelesenen zu einer Art Fazit zusammen – so, als ob Sie jemandem davon berichten wollten.

> Übung **Arbeitszeugnis**

Juristische Texte haben es oft in sich. Aber wenn Sie bei rechtlichen Fragen nicht dauernd auf die Hilfe anderer angewiesen sein wollen, dürfen Sie sich durch entsprechende Fachliteratur nicht abschrecken lassen. Im folgenden Beispieltext geht es um Ihre Rechte im Hinblick auf Arbeitszeugnisse. Wenden Sie beim Lesen des Textes die vier Faustregeln für komplexe Texte an.

„Zeugnis ist abzuholen: Grundsätzlich muss der Arbeitsnehmer seine Arbeitspapiere, zu denen auch das Arbeitszeugnis gehört, bei seinem Arbeitgeber abholen. Nach § 242 BGB (Treu und Glauben) kann der Arbeitgeber im Einzelfall gehalten sein, dem Arbeitnehmer das Zeugnis nachzuschicken. Dies kann der Fall sein, wenn der Arbeitnehmer seinen Wohnsitz weit von seinem bisherigen Arbeitsort verlegt. (Urteil vom 8. 3. 1995)

Gefaltetes Zeugnis: Der Arbeitgeber erfüllt den Anspruch des Arbeitnehmers auf Erteilung eines Arbeitszeugnisses auch mit einem Zeugnis, das er zweimal faltet, um den Zeugnisbogen in einem Geschäftsumschlag üblicher Größe unterzubringen, wenn das Originalzeugnis kopierfähig ist und die Knicke im Zeugnisbogen sich nicht auf den Kopien abzeichnen, zum Beispiel durch Schwärzungen. (Urteil vom 21. 9. 1999)

Verlorenes Zeugnis: Von den Fällen der (inhaltlichen) Zeugnisberichtigung sind die Fälle zu unterscheiden, in denen der Arbeitnehmer die Neuausstellung eines (inhaltlich richtigen und nicht beanstandeten) Zeugnis begehrt, weil es beschädigt oder verloren gegangen ist. In solchen Fällen ist der Arbeitgeber verpflichtet, auf Kosten des Arbeitnehmers ein neues Zeugnis zu erteilen, wenn er aufgrund (noch) vorhandener Personalunterlagen ohne großen Arbeitsaufwand das Zeugnis neu schreiben lassen kann. (Urteil vom 17. 12. 1998)“

Decken Sie den Text nun mit einem Stück Papier ab und beantworten Sie folgende Fragen:

> Unter welchen Umständen ist der Arbeitgeber verpflichtet, ein neues Zeugnis auszustellen, wenn das alte verloren gegangen ist?
> Aus welchem Jahr stammt das Urteil über die Zulässigkeit des Faltens von Zeugnissen?
> Wann muss der Arbeitgeber ein Zeugnis nachschicken, und in welchem Paragrafen wird dies geregelt?

Sicher im Griff: Lange Texte

Bei umfangreichen Texten sollten Sie sich unbedingt als Erstes einen Überblick verschaffen. Der Grund: Wenn Sie eine grobe Vorstellung davon haben, worum es in dem Text geht, dann können Sie die neuen Informationen leichter verarbeiten und Ihr Lesetempo steigern.

> Überfliegen Sie Inhaltsverzeichnis, Einleitung, Vorwort und die Zusammenfassung.
> Blättern Sie den Text einmal komplett durch, damit Sie ein Gefühl für die Grundstruktur und die wesentlichen Gedankengänge bekommen. Achten Sie dabei auch auf Überschriften und andere Hervorhebungen und nutzen Sie die Zusammenfassungen von Kapiteln oder Textabschnitten.
> Stellen Sie sich ein paar grundlegende Fragen: Worauf zielt der Text ab? Was sind die wesentlichen Inhalte? So können Sie sich auf den Text einstellen und eventuell vorhandenes Wissen reaktivieren.

Durch Querlesen schneller informiert

Sie müssen auf vielen Seiten nach einer bestimmten Information suchen? Bei digitalen Texten nimmt Ihnen die Suchfunktion des Computerprogramms die Arbeit ab. Liegt Ihnen der Text ganz klassisch in Papierform vor, dann müssen Sie selber aktiv werden. Der einfachste Weg: Schlagen Sie zunächst im Stichwortverzeichnis nach und überprüfen Sie das Inhaltsverzeichnis. Wenn Sie dort nicht fündig werden, können Sie die gewünschten Informationen durch konzentriertes Überfliegen des Textes finden:

> Gleiten Sie mit einem Stift oder Ihrem Zeigefinger rasch über die Zeilen.
> Lassen Sie den Text an sich vorbeirauschen und konzentrieren Sie sich nur auf das gesuchte Stichwort.

Sehr geübte Leser lesen tatsächlich quer: Sie „scannen" die Seiten sozusagen im Eiltempo von links oben nach rechts unten.
Nichts hemmt allerdings den Lesefluss so sehr, wie ein unbekanntes Wort oder eine ungewohnte Formulierung. Daher gilt: Je größer Ihr Wortschatz und je besser Ihre Sprachkenntnis ist, desto seltener werden Sie beim Lesen ausgebremst. Zumindest, was das Fachvokabular Ihres Aufgabengebietes betrifft, sollten Sie daher möglichst fit sein. Legen Sie sich eine persönliche Fachwörterliste an, und ergänzen Sie diese, wann immer Ihnen ein neuer Begriff unterkommt. So vermeiden Sie, dass Sie unnötig lange über die Bedeutung eines Wortes oder eines Satzes nachdenken müssen.

Das Namens-
gedächtnis

Namen werden leichter vergessen als Gesichter. Bei einer Umfrage gaben 83 Prozent der befragten Personen an, dass sie
Probleme mit ihrem Namensgedächtnis
hätten. Über ihr schlechtes Gesichtergedächtnis beklagten sich dagegen nur
42 Prozent. Dabei ist ein gutes Namensgedächtnis ein Erfolgsfaktor im Beruf.
Wenn Sie Ihren Gesprächspartner korrekt
mit Namen ansprechen, fühlt er sich
beachtet, bisweilen geschmeichelt. Ein
schlechtes Namensgedächtnis lässt sich
durch Training verbessern, genauso wie
man seine Merkkapazität für Zahlen,
Listen und andere Dinge steigern kann.

Das große Stottern

Peinliche Momente, die verhindert werden können:

> Wenn Sie eine Person treffen, die Sie
  mit Sicherheit schon einmal gesehen
  haben. Leider können Sie sie gar
  nicht einordnen. Und dann stellt
  sich auch noch heraus, dass es ein
  guter Kunde Ihrer Firma ist.

> Wenn Sie einer Person begegnen, die
  Sie nach ihrem Namen fragen. Und
  dann stellt sich heraus, dass es einer
  Ihrer Chefs aus dem Vorstand ist, den
  Sie zwar nur einmal im Jahr treffen,
  den Sie aber kennen müssen.

> Wenn Sie einen Kollegen oder Kun-
  den begrüßen, Ihnen aber der Name
  – trotz angestrengtem Nachdenken –
  nicht über die Lippen will.

> Wenn Sie die neue Mitarbeiterin den
  Kollegen vorstellen sollen – und
  schon wieder vergessen haben, wie
  sie überhaupt heißt.

> Wenn Sie in einer Besprechung auf
  mehrere neue Personen treffen,
  deren Namen Sie nicht richtig verstehen oder sich einfach nicht
  merken können.

> Wenn Sie einen früheren Kollegen
  treffen, mit dem Sie vor Jahren
  durch gute und schlechte Zeiten gin-
  gen, ihn freudig begrüßen, Ihnen
  aber sein Name nicht mehr einfallen
  will.

> Wenn Sie mit jemandem telefoniert
  haben, der um den Rückruf eines
  Kollegen bittet. Und Sie prompt
  nach dem Auflegen feststellen, dass
  Sie den Namen des Anrufers schon
  wieder vergessen haben.

> Wenn Sie selbst jemanden anrufen,
  dessen Namen Sie nicht richtig verstanden oder vielleicht sogar vergessen haben – und nicht er selbst,
  sondern ein Kollege das Gespräch
  entgegennimmt.

Ein Ausdruck von Interesse

Kommen Ihnen solche Blackouts bekannt vor? Zum Trost: Derartige Gedächtnislücken sind weit verbreitet. Trotzdem sind es sprichwörtliche Fettnäpfchen. Denn Sie signalisieren Ihrem Gegenüber: Du bist für mich nicht interessant, nicht wichtig, nicht (be)merkenswert. Wenn hingegen der Wirt eines Gasthauses Sie mit Namen begrüßt und sich daran erinnert, dass Sie lieber stilles als sprudelndes Mineralwasser trinken, dann fühlen Sie sich geschmeichelt. Ein solcher Wirt wird bessere Umsätze machen als einer, der nicht an seinen Gästen interessiert ist.

Menschen mit gutem Personengedächtnis kommen besser durchs Leben, haben häufig sogar mehr Erfolg. Glücklicherweise lässt sich aber das Personengedächtnis trainieren.

Memostrategien für Personen

Faustregel

Um sich eine Person und ihren Namen fest einzuprägen, sollten Sie immer in drei Schritten vorgehen:

1. Sehen Sie sich die Person genau an, suchen Sie nach besonderen Merkmalen: im Gesicht, im Erscheinungsbild, in der Gestik, im Verhalten.

Tipps dazu finden Sie im Kapitel Gesichtergedächtnis ab Seite 101 ff.

2. Prägen Sie sich während der Begrüßung den Namen ein.

3. Verbinden Sie möglichst viele Merkmale mit dem zu merkenden Namen.

> ### › Brain Snack
> ### Fragen Sie nach
>
> Wenn Sie einen Namen nicht auf Anhieb verstehen, dann lassen Sie ihn sich noch einmal wiederholen oder sogar buchstabieren – und zwar möglichst sofort. Mit halb Verstandenem können Sie nichts anfangen und falsch gemerkte Namen werden Sie nur sehr schwer wieder los.

Machen Sie sich ein Bild

Übersetzen Sie den Namen in ein Bild und bringen Sie das mit der Person in Verbindung. Bei Namen, die eine bestimmte Bedeutung haben, fällt das besonders leicht: Frau Bergmann statten Sie im Geiste ganz einfach mit einem Pickel und einem Bergarbeiterhelm aus. Herrn Ender setzen Sie in Gedanken ein mächtiges Geweih auf den Kopf und merken sich den Begriff Zwölfender.

Auch hier gilt: Je skurriler das Bild, desto besser wird es in Ihrem Gedächtnis haften bleiben.

Hier können Sie Ihr Assoziationsvermögen gleich ein wenig trainieren. Notieren Sie, was Ihnen zu den folgenden Namensbeispielen einfällt:

Name	Ihre Assoziation
Herr Reischl	
Frau Theis	
Herr Pechmann	
Frau Dr. Roetger	
Herr Mysliwick	
Frau Forstmeier	
Herr Härting	
Frau Lebert	
Herr Norgai	

Informationen sammeln

Sammeln Sie im Gespräch gezielt weitere Informationen über Ihr Gegenüber: berufliche Aufgabe, Vorlieben, besondere Kenntnisse. Das zusätzliche Wissen verankert die neue Bekanntschaft zusätzlich in Ihrem Gedächtnis. Wenn Sie erfahren, dass Ihr neuer Kollege grundsätzlich lieber grünen Tee statt Kaffee trinkt, dass Ihre beste Kundin hervorragend – oder aber mit einem drolligen Akzent – Englisch spricht, dass Ihr Geschäftspartner für eine Firma gearbeitet hat, für die auch Sie schon einmal tätig waren, dann gewinnt dieser Mensch für Sie an Kontur. Und das macht es wesentlich einfacher, sich an ihn oder sie zu erinnern.

Informationen an Bekanntem verankern

Es hilft auch, neue Namen und Gesichter mit „alten Bekannten" zu verknüpfen. Das können Menschen aus Ihrem Leben, berühmte Persönlichkeiten, aber auch fiktive Gestalten sein. Vielleicht ähnelt Herr Karl einem alten Schulfreund? Dann drücken Sie ihm im Geiste eine Schultüte in die Hand.
Oder Sie denken bei Frau Bergmann sofort an die Schauspielerin gleichen Namens? Dann stellen Sie sie sich Arm in Arm mit Humphrey Bogart vor.
Und Herr Johansen heißt wie Ihr Hausmeister? Dann lassen Sie ihn doch einfach – zumindest im Geiste – eine Runde Schnee schaufeln.

In Reimen denken

Eine weitere Gedächtnishilfe ist das Reimen: „Dem Herrn Karl war reichlich warm, drum trug er die Jacke überm Arm", das ist zwar keine große Poesie, erfüllt aber seinen Zweck. Oder „Frau Holz trägt hohe Hackenschuhe, drum stolpert sie in manche Kuhle" und „Der Herr Professor Hackenschmitt träumt viel und kriegt darum nichts mit."

> Übungen

1. Der neue Job

Sie haben Ihren Traumjob bekommen. Ihre Chefin stellt Sie den wichtigsten Kollegen vor und gibt Ihnen zusätzlich ein paar Insiderinformationen. Prägen Sie sich die Namen und die Zusatzinformationen zwei Minuten lang ein.

Lena Weißmüller
Geschäftsführerin
macht jeden Mittag 15 Minuten lang Tai-Chi und will dann keinesfalls gestört werden

Ruth Ellinghaus
Assistentin der Geschäftsleitung
spricht hervorragend Englisch

Benjamin Hellermann
Prokurist
tritt für strikte Mülltrennung ein

Dr. Jasmina Özdemir
Juristin
strenge Nichtraucherin

Charlotte Corcellut
Office Managerin
lässt sich mit Schokolade „bestechen"

Benno Rosenstolz
Praktikant
Retter in der Not bei Computerdesastern

2. Hoher Besuch

Ihr wichtigster japanischer Geschäftspartner schickt für einen entscheidenden Vertragsabschluss eine Delegation seiner besten Mitarbeiter zu Ihnen. Damit Sie in kein Fettnäpfchen treten, sollten Sie sich Namen, Aufgabe und Rangfolge Ihrer asiatischen Gäste besonders gut und rasch einprägen.

Mr. Toshi Yamamoto
Vize-Präsident

Mrs. Satomi Aoki
Stellvertretende Geschäftsführerin

Mr. Yoriko Fukuda
Verkaufsleiter

Mr. Kiyoshi Kawaguchi
Jurist

Ms. Yuki Tanaka
Dolmetscherin

Übersicht

Vornamen

Stöbern Sie doch einmal in einem Namensbuch oder im Internet. Das ist nicht nur amüsant, Sie können Ihr so erworbenes Wissen auch für zukünftige Memostrategien nutzen. Wenn Sie wissen, dass Claudia so viel wie „die Hinkende" bedeutet, können Sie Ihrer Erinnerung auf die Sprünge helfen, wenn Sie sich Ihre neue Bekannte mit einem dicken Gipsbein vorstellen.

In der Vornamentabelle ist eine Spalte frei. Füllen Sie sie – wenn Sie möchten – mit persönlichen Assoziationen.

Name	Allg. Bedeutung	Ihre Assoziation
Alexander	Beschützer und Verteidiger	
Andreas	der Mann	
Angela	der Engel	
Anna, Anja, Anne etc.	die Gnade, Gotteshuld	
Beate, Babette etc.	die Glückselige	
Ben, Benjamin	Sohn des Südens	
Christian, Christiane, Christina etc.	der/die Gesalbte	
Claudia, Claudio	die/der Hinkende	
Daniel	Gott ist mächtig	
David	der Geliebte	
Emil	der Nacheiferer	
Erich	der allein Mächtige	
Esther	der Stern	
Eva	die Leben Schenkende	
Fabian	der Bohnenzüchter	
Felix	der Glückliche	
Florian	der Blühende	
Frank	vom Volksstamm der Franken	
Franz, Franziska	der kleine Franzose, die kleine Französin	
Friedrich, Frederik	der Friedensreiche	

Name	Allg. Bedeutung	Ihre Assoziation
Gabriel, Gabriele	der/die Held/in Gottes	
Georg	der Bauer	
Hannah	die Anmutige	
Heinrich	der Mächtige	
Isabelle	die Unberührte	
Johannes	der Herr ist gütig	
Katharina	die Reine	
Klaus	(siehe Nikolaus) Sieg des Volkes	
Laura, Laurenz	die/der Lorbeerbekränzte	
Leo, Leonie	der Löwe/die Löwin	
Marina	die Frau vom Meer	
Markus, Marcel	dem Mars (römischer Kriegsgott) geweiht	
Melanie	die Schwarze	
Moritz	der Mohr	
Nikolaus, Nicole	Sieg des Volkes	
Olaf	der Ahne	
Patrik, Patrizia	der/die Vornehme	
Petra/Petrus	die Unerschütterliche, der Fels	
Renate	die Wiedergeborene	
Rudolf	der Wolf	
Sophia, Sophie	die Weise	
Simon, Simone	der/die Erhörte	
Stefan, Stefanie	der/die Gekrönte	
Thomas	der Zwilling	
Thorsten	der Donner	
Valentin, Valentina	der/die Starke	
Viktor, Viktoria	der Sieger, die Siegerin	
Volker	der Krieger	
Wolfgang	der angreifende Wolf	
Yvonne	die Bogenschützin	

Visitenkarten sind gute Merkhilfen

Üblicherweise erhalten Sie im Geschäftsleben von einer neuen Bekanntschaft eine „Business Card". Stecken Sie diese nicht einfach ungelesen weg. Sie ist nützlich und sagt viel aus.

› Überreichen Sie gleich zu Beginn des Treffens Ihre eigene Visitenkarte, und bitten Sie um die Ihres Gegenübers.

› Lassen Sie die Visitenkarte während einer Besprechung gut sichtbar vor sich auf dem Tisch liegen. Dann können Sie jederzeit unauffällig den Namen nachlesen, in das Protokoll die korrekte Schreibweise übertragen, etc.

› Lesen Sie jede Visitenkarte aufmerksam durch, oft finden sich hier im Titel, der Adresse oder der Berufsbezeichnung interessante Hinweise auf die Person, die auch im weiteren Gespräch hilfreich sein können.

› Notieren Sie gleich nach der Besprechung besondere Eigenschaften der betreffenden Person bzw. wichtige Punkte der Besprechung direkt auf die Karte. Vermerken Sie das Datum, eventuell auch den Ort, an dem Sie die Person kennen gelernt haben. Damit haben Sie weitere Anker für das spätere Erinnern.

› Werfen Sie Visitenkarten nicht einfach weg oder in eine Schublade. Benutzen Sie ein Ablagesystem, zumindest für die wichtigsten Business Cards. Das geht mit einem Karteikasten genauso wie mit einem Rolodex oder einem Ordner mit speziellen Klarsichthüllen, in die die Visitenkarten eingesteckt werden können.

Die eigene Visitenkarte

Die Gestaltung der Visitenkarte ist in den meisten Fällen durch das Design des Unternehmens, in dem man arbeitet, vorgegeben. In bestimmten Berufsständen ist es auch Usus oder sogar Pflicht, die Visitenkarte möglichst seriös zu gestalten – zum Beispiel unter Anwälten. Wer diesen Zwängen aber nicht unterliegt, der kann seine Visitenkarte so gestalten, dass sie zum Blickfang wird und auch noch in einem ganzen Stapel anderer Visitenkarten positiv auffällt.

4. Gedächtnistraining für Bilder

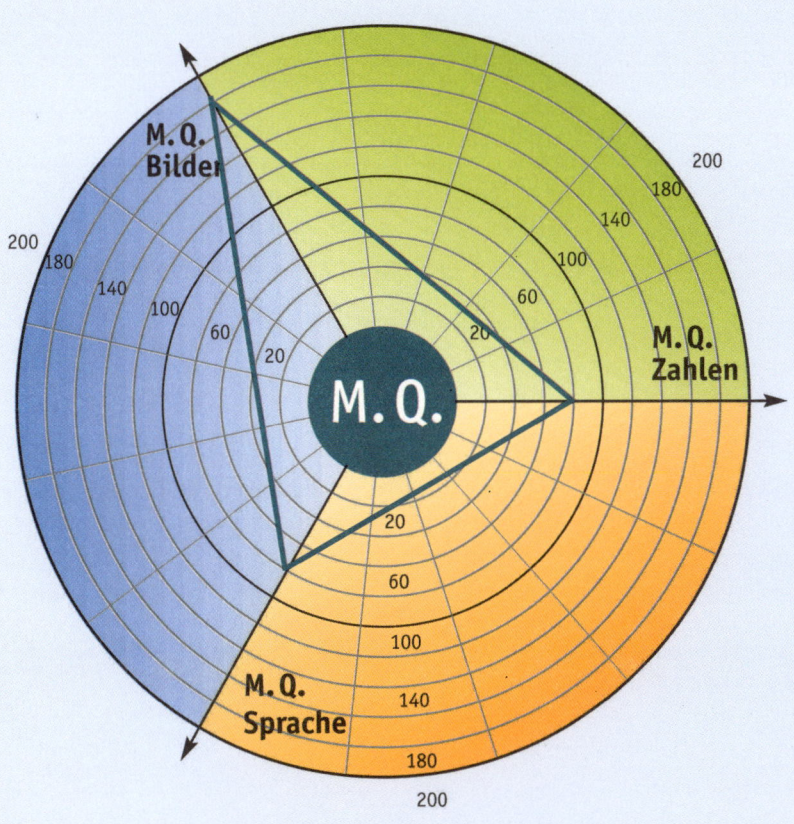

»Das Bild ist die Mutter des Wortes.«

Hugo Ball (1886–1927),
deutscher Schriftsteller und Kulturkritiker

Gedächtnis-training für Bilder

Die Kunst liegt im Detail

Obwohl es Ihnen so mühelos erscheint: Der Gesichtssinn arbeitet nicht gerade mal so nebenbei. Sehen ist Arbeit für das Gehirn, das aus den einströmenden Sinneseindrücken seine eigene Wahrnehmung der Welt erstellt. Blitzschnell vergleicht es den neuen Eindruck mit gespeicherten Bildern, füllt Lücken, ordnet das Ganze ein und versieht es mit einer Bedeutung. Etwa die Hälfte der Großhirnrinde ist allein mit der Bildverarbeitung beschäftigt.

Das ist wichtig zu wissen

Ihr Bildergedächtnis können Sie trainieren, indem Sie bewusster mit Ihrem Gesichtssinn umgehen: Konzentrieren Sie sich auf Dinge, die Sie sonst vielleicht übergehen würden, indem Sie sich bewusst machen, was Sie gerade betrachten, indem Sie Bilder analysieren und Ihre Fantasie etwas spielen lassen. Sonst dringen die Bilder vermutlich nicht bis ins Bewusstsein vor.

Die trügerische Blondine

Ein Beispiel dafür, wie sehr uns voreingenommenes Sehen hinters Licht führen kann: Sie sehen in einem Cabrio vor Ihnen zwei Hinterköpfe – der eine mit kurz geschorenen Haaren, der andere mit flatternder Blondmähne. Aufgrund früherer Erfahrungen gehen Sie vielleicht davon aus, dass die Person am Steuer ein Mann ist und die auf dem Beifahrersitz eine Frau. Eventuell rechnen Sie auch damit, dass sich die Sache umgekehrt verhält. Mit ziemlicher Sicherheit werden Sie aber recht überrascht sein, wenn sich die Blondine beim Überholen als langhaariger Hund entpuppt.

Erstaunlich leistungsfähige Sinne

Blinde Menschen schärfen ihre übrigen Sinne zu unglaublichen Leistungen. Wie gut das funktioniert, zeigt Dan Kish aus Los Angeles. Schon als Kind hat der Blinde eine einzigartige Methode entwickelt, um sich zu orientieren: Er schnalzt mit der Zunge und achtet auf das leise Echo – ähnlich wie eine Fledermaus. Inzwischen bringt der 35-Jährige den Trick mit dem Klick auch anderen Blinden bei – und zwar so perfekt, dass sie auf Mountainbikes über Stock und Stein sausen. Davon können Sie lernen: Nutzen Sie alle Sinne, um die Welt zu erkunden und Erinnerungen zu speichern.

Warum sollten Sie Ihr Bildergedächtnis trainieren?

So großartig Ihre Fähigkeiten bei der Verarbeitung visueller Wahrnehmungen auch sind: Mitunter lässt Sie Ihr Gedächtnis im Stich. Bei der Vielzahl der Bilder, die täglich über Ihre Netzhaut ins Gehirn strömen, kann nicht jedes gespeichert werden. Ihr Gehirn entscheidet, was bemerkenswert genug ist, um dauerhaft in den Neuronenverästelungen abgelegt zu werden. Welche Bilder das sind, können Sie bewusst beeinflussen, und zwar durch

> **Konzentration:** Denken Sie an Ihren täglichen Weg zur Arbeit. Sie kommen bestimmt an vielen Häusern vorbei, die in unterschiedlichen Farben gehalten sind. Obwohl Sie die Gebäude schon viele Male gesehen haben, haben Sie sich wahrscheinlich kaum Gedanken über deren Farbe gemacht und werden sie nicht aus dem Gedächtnis rekapitulieren können. Erst, wenn Sie sich bewusst darauf konzentrieren, werden Sie sich diese Nebensächlichkeit auch merken können.

> **Erkennen von Mustern und Strukturen:** Nehmen Sie an, Sie halten zum ersten Mal in Ihrem Leben ein Kartenspiel in der Hand. Die Bedeutung der Farben und Kartenwerte ist Ihnen völlig unbekannt. Erst, wenn Sie wiederkehrende Muster und Strukturen erlernen, eröffnet sich der Sinn des Blattes, und Sie können es nach den Regeln eines Kartenspiels benutzen.

> **Verknüpfung mit anderen Gedächtnisinhalten:** Stellen Sie sich vor, Sie lernen jemanden kennen, der Sie an einen Hollywoodstar erinnert. Die Chancen, dass Sie ihn beim nächsten Treffen wiedererkennen, sind hier viel höher als bei jemandem, dessen Gesicht Sie mit niemandem verbinden.

> **Emotionale Verbindungen:** Denken Sie an den 11. September 2001, den Tag des Terrorangriffs auf amerikanische Großgebäude. In Mitteleuropa machte die Nachricht am Nachmittag die Runde. Die meisten Menschen können sich noch an die Situation erinnern, in der sie sich befunden hatten, als sie die emotional aufrüttelnde Nachricht erstmals erfahren haben. Wo waren Sie? Können Sie sich noch an die Umstände erinnern? Wie viele Einzelheiten haben Sie noch im Gedächtnis? Emotionen helfen uns dabei, Vergangenes wieder aufleben zu lassen und uns selbst an Details zu erinnern.

Ein gutes Gedächtnis für Gesichter

Ihr Gehirn leistet Verblüffendes, wenn Sie einem Menschen begegnen: Im Bruchteil einer Sekunde vergleicht es das Antlitz Ihres Gegenübers mit Gesichtern aus Ihrem Gedächtnis. Sofort erkennt es, ob es sich um einen Bekannten handelt oder um einen Fremden. Dennoch bleiben häufig Unsicherheiten. Stellen Sie sich vor, Sie hätten Ihren Unternehmenschef bisher nur auf Bildern in der Mitarbeiterzeitschrift gesehen, und Sie erkennen ihn nicht wieder, wenn er leibhaftig vor Ihnen steht. Oder Sie verabreden sich mit einem Kunden und Sie erkennen ihn nicht, weil seit dem letzten Treffen viel Zeit vergangen ist.

Obwohl unser Gesichtergedächtnis schon recht gut ausgeprägt ist, gibt es Möglichkeiten, es zu verbessern – und es vor allem für die wirklich wichtigen Personen einzusetzen.

Bewusst hinschauen

Den Grundstein fürs Erinnern legen Sie schon bei der ersten Begegnung. Schenken Sie der neuen Bekanntschaft einen Moment ungeteilter Aufmerksamkeit. Was fällt Ihnen besonders auf? Die Adlernase? Die Wuschellocken? Oder ein vorwitziger Zahn, der etwas schief steht?

Darauf können Sie achten:

1. **Haar:** Ist es voll oder fein, lockig oder glatt, blond oder brünett – oder gar nicht vorhanden? Hier kann sich bis zum nächsten Wiedersehen natürlich einiges verändert haben. Über lange Zeit unverändert bleibt jedoch der Haaransatz: hoch oder niedrig, mit Geheimratsecken oder herzförmig?

2. **Augen:** Stehen sie eng oder weit auseinander? Sind sie rund, schmal oder mandelförmig? Welche Farbe haben sie? Wie sehen die Wimpern aus – lang und dicht oder blond und fast unsichtbar? Sind die Brauen symmetrisch oder asymmetrisch? Dicht oder fein? Oder sogar nach Theo-Waigel-Manier besonders buschig? Geschwungen oder gerade – oder treffen sie sich vielleicht über der Nasenwurzel? Gibt es Schlupflider, Tränensäcke oder Falten, und wirken diese eher grimmig oder humorvoll? Wie ist der Blick – ruhig, verträumt oder unstet?

3. **Nase:** Kühn geschwungene Adlernase oder Stupsnäschen? Fleischig oder schmal? Wie sehen die Nasenlöcher aus – eher flach anliegend oder gebläht? Oder sogar haarig? Trägt die Person einen Piercingschmuck?

4. **Mund:** Ist er eher klein oder breit? Sind die Lippen voll oder schmal? Sind Ober- oder Unterlippe beson-

ders ausgeprägt? Wie sind sie geschwungen? Was fällt Ihnen an den Zähnen auf? Welche Farbe haben sie? Sind sie groß oder klein, gerade oder schief? Gibt es Zahnlücken? Ist das Zahnfleisch beim Lachen zu sehen?

5. **Kinn:** Ist es spitz, rund oder eckig? Energisch oder fliehend? Gibt es ein Grübchen? Oder ein Doppelkinn?

6. **Proportionen:** Ist das Gesicht lang und schmal oder eher rundlich? Wirken die Proportionen harmonisch oder erscheinen bestimmte Elemente zu groß bzw. zu zierlich?

7. **Haut:** Ist sie feinporig oder grob, sommersprossig und blass oder wettergegerbt? Gibt es Muttermale, Grübchen oder Narben?

8. **Ausdruck:** Der Gesichtsausdruck eines Menschen verändert sich natürlich ständig und ist abhängig von der Situation und der Stimmung. Trotzdem können Sie meist eine Grundtendenz erkennen: Wirkt die Person eher scheu und unsicher? Offen und kommunikativ? Freundlich und hilfsbereit? Arrogant oder cholerisch?

9. **Körperbau:** Hochgewachsen oder zierlich, harmonisch oder unproportioniert? Breitschultrig oder schmal? Und wie ist die Körperhaltung – aufrecht oder gebeugt?

10. **Gewohnheiten und Ticks:** Halten Sie nach Besonderheiten Ausschau:

Achten Sie auch auf die Stimme, das Lachen, die Gestik: Ist die Stimme ungewöhnlich hoch oder rau? Unterstreicht Ihr Gegenüber das Gesagte mit lebhaften Handbewegungen? Steht die Person aufrecht oder lässt sie die Schultern hängen? Kratzt sich Ihr neuer Kunde häufig am Kopf oder fährt sich mit der Hand durchs Haar? Kritzelt er in Besprechungen auf einem Stück Papier herum oder kaut er an Stiften? Räuspert die Person sich häufig, dreht sie gedankenverloren an ihrem Ehering oder wippt sie ungeduldig mit dem Fuß? All dies sind wertvolle Informationen für Ihren Personenspeicher.

11. **Status und Tätigkeiten:** Passt das Äußere zur Tätigkeit bzw. zum Status der Person? Ein Unternehmensberater im seriösen Sakko, ein Friseur mit flippig himbeerrot gefärbtem Haar, das überrascht niemanden. Umgekehrt sieht es schon anders aus. Der deutsche Erfolgsregisseur Sönke Wortmann beispielsweise ist keine sehr auffällige Erscheinung. Amüsiert berichtet er, dass er angetan mit Jeans und T-Shirt am Set des öfteren für einen Kabelträger gehalten wurde. Eine peinliche Situation für die Mitarbeiter, nach der sie Wortmann vermutlich nie mehr übersehen haben.

› Übung   **Gesichterpuzzle**

Der Herr, den Sie hier sehen, ist ein wichtiger neuer Kunde. Nehmen Sie sich eine Minute Zeit, und prägen Sie sich sein Gesicht gründlich ein. Achten Sie dabei besonders auf die Details. Übrigens: Der Mann ist Journalist und begeisterter Skifahrer, was er auch jedem erzählt.

Welche der folgenden Gesichtspartien gehören zu dem Gesicht Ihres neuen Kunden? Und welche haben wir dazugemogelt?

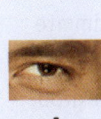 

A   **B**   **C**

  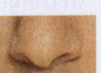

D   **E**   **F**   **G**   **H**

Die Lösung zu dieser Übung finden Sie auf S. 122.

Gesichtsblindheit

Schätzungsweise eine Million Menschen haben angeborene Schwierigkeiten mit der Gesichtserkennung. Dieses Phänomen nennt man Gesichtsblindheit oder Prosopagnosie. Die meisten Betroffenen leben damit, ohne es zu wissen, denn diese Wahrnehmungsstörung kann nur leicht ausgeprägt sein. In extremen Fällen erkennen diese Menschen auf Anhieb weder ihre Eltern noch den Partner oder gute Freunde. Für sie ist ein Gesicht eine Anhäufung nichtssagender Knubbel und Täler. Erst an der Stimme oder am Gang erkennen sie, wen sie vor sich haben. Derzeit sind spezielle Gedächtnistrainings-Programme für diese Menschen in der Entwicklung.

Personengedächtnis: Namen und Bild verknüpfen

Ein wichtiges Merkmal jeder Person ist ihr Name. In Kapitel 3 auf Seite 90 haben Sie erfahren, wie man sich Namen einprägen kann. Das gelingt jedoch noch besser, wenn Sie den Namen mit anderen Merkmalen derselben Person verbinden.

Der kaiserliche Trick

Ein großes Personengedächtnis hatte angeblich der bekanntermaßen kleine Herrscher Napoleon Bonaparte. Er soll tatsächlich alle seine Offiziere mit Namen angesprochen haben, auch wenn er ihnen nur einmal begegnet war. Dazu verwendete er folgenden Trick: Er machte sich zu jedem Namen ein Bild und setzte es dem Betreffenden in Gedanken auf die Schulter.

So geht es

So oder ähnlich können auch Sie verfahren. Sobald Sie sich den Namen verbildlicht haben (siehe Seite 91), versuchen Sie ihn mit dem äußeren Erscheinungsbild der Person zu verknüpfen. Dabei ist einmal mehr Ihre Fantasie gefragt: Herr Wollinger hat lockiges Haar? Wunderbar! Dann stellen Sie sich vor, wie er ein wolliges Schäfchen schert.

Ist Herr Karl vielleicht besonders imposant – wie Karl der Große? Oder ganz im Gegenteil, eher schmächtig – also Karl der Kleine?

Die Bilder dürfen gerne komisch und absurd sein. Sie prägen sich dann sogar noch besser ein.

Übrigens: Müssen Sie oft an langweiligen Meetings oder Vorträgen teilnehmen? Dann nutzen Sie die Zeit und üben Sie die Verknüpfung von Namen und äußeren Merkmalen der Leute, die sich mit Ihnen langweilen.

> ## › Übung Neu in der Firma?

Auf der nächsten Seite sehen Sie eine Reihe von Gesichtern – lauter neue Kollegen. Diese in vertrauter Umgebung wiederzuerkennen ist mitunter schon nicht einfach. Noch größer ist die Herausforderung, wenn Sie ihnen beim Bäcker, beim Shoppen oder in einem Restaurant begegnen.

Prägen Sie sich die Gesichter eine Minute lang gut ein, und merken Sie sich den Namen, den Aufgabenbereich sowie auffällige „unveränderliche Kennzeichen". Decken Sie dann die obere Fotoreihe mit einem Blatt Papier ab. Auf den nächsten Fotos werden Ihnen dieselben Personen wieder begegnen – was wissen Sie noch über die neuen Kollegen?

Dr. Luise Kohlhaas Juristin (internationales Recht)	Nicole von Stern Rechtsanwältin (Strafrecht)	Petra Willmann Anwaltsgehilfin	Rüdiger Kubitschek Rechtsanwalt (Familienrecht)	Sven Stöckinger Praktikant

Bitte decken Sie den oberen Teil der Aufgabe ab und tragen Sie hier nun die gemerkten Angaben zu den jeweiligen Personen ein:

Symbole, Zeichen und abstrakte Formen

Sie sind umgeben von Symbolen und Zeichen. Viele davon sind Ihnen längst in Fleisch und Blut übergegangen: Buchstaben und Zahlen, Verkehrs- und Rechenzeichen oder auch der Pfeil als Symbol für eine Richtungsangabe. Ganz nebenbei: Wie sieht das Zeichen für die Wahlwiederholung am Telefon aus? Wenn Sie als Kaufmann mit Ingenieuren zusammenarbeiten, dann müssen Sie sich in der Regel viele technische Symbole aneignen – beispielsweise Schaltpläne im Bereich Elektrotechnik, Baupläne im Bauwesen, Gefahrgut-Symbole im Transportbereich etc.

Zu diesem Standardrepertoire kommen immer wieder neue Elemente hinzu: Wenn Sie sich erstmals mit Computern beschäftigen, müssen Sie sich beispielsweise nicht nur das @-Zeichen aneignen, sondern auch Symbole für den

Druckvorgang, das Speichern von Texten, das Öffnen von Dateien und für die Seitenübersicht einprägen.

Ein Bild sagt eben mehr als viele Worte – solange man es interpretieren kann. Der dramatische Absturz eines Aktienkurses ist grafisch umgesetzt wesentlich eindrucksvoller als in trockenen Zahlenkolonnen. Kurvenverläufe und Diagramme ermöglichen es Ihnen, zu erwartende Entwicklungen auf einen Blick zu erfassen.
Um dauerhaft etwas von diesen Bildern zu haben, müssen Sie sie sich allerdings auch einprägen können – und das bedarf einiger Übung.

> ### > Brain Snack
> ## Palmieren
>
> Sind Ihre Augen überlastet, zum Beispiel, weil Sie viel am Bildschirm arbeiten? Dann setzen Sie sich bequem hin und atmen Sie zwei- bis dreimal ruhig durch. Reiben Sie die Hände aneinander, um sie zu wärmen. Legen Sie dann die Hände so über Ihre Augen, dass diese jeweils unter einer Handinnenfläche liegen. Die Finger kreuzen sich dabei über der Stirn, die Handkanten liegen an der Nase an. So bilden Ihre Hände eine Höhle für die Augen, ohne diese zu berühren. Schließen Sie die Augen und lassen Sie sie in der Dunkelheit ruhen.

Strukturen und Proportionen erkennen

Komplizierte Symbole und Grafiken wirken auf den ersten Blick verwirrend. Lassen Sie sich davon nicht abschrecken. In der Regel findet sich doch etwas, an dem Sie Ihre Erinnerung festmachen können:

> Herausragende Details: Finden Sie besonders auffällige Einzelheiten. Was ist ungewöhnlich an der Form? Was sind die Besonderheiten? Im Falle einer Kurve können das zum Beispiel besonders tiefe Täler sein oder mehrere „Hügel" hintereinander.

> Das große Ganze: Welche Proportionen hat die Figur? Gibt es Strukturelemente, die sich wiederholen? Zeichnen Sie im Geiste die äußere Kontur. Ist sie eher rund oder länglich, konisch oder quadratisch?

Fantasie

Nun ist Ihre rechte Gehirnhälfte wieder gefordert. Gibt es nicht die eine oder andere Kontur, die Sie an etwas erinnert? Sieht der Verlauf eines Aktienkurses vielleicht aus wie ein Berg, in den ein Riese eine Kerbe gehauen hat? Erinnert Sie eine Kurve an ein menschliches Profil? Oder sieht ein chemisches Molekül aus wie ein Ufo?
Ihrer Fantasie sind hier keine Grenzen gesetzt.

› Übungen

1. Kursverläufe

Ihre Firma trägt sich mit dem Gedanken zu investieren. Infrage kommen vier Unternehmen. Prägen Sie sich die Aktienkurse der letzten drei Jahre anhand der folgenden Kurven ein. Achten Sie dabei auf Besonderheiten der Kursentwicklung und auf etwaige Gemeinsamkeiten.

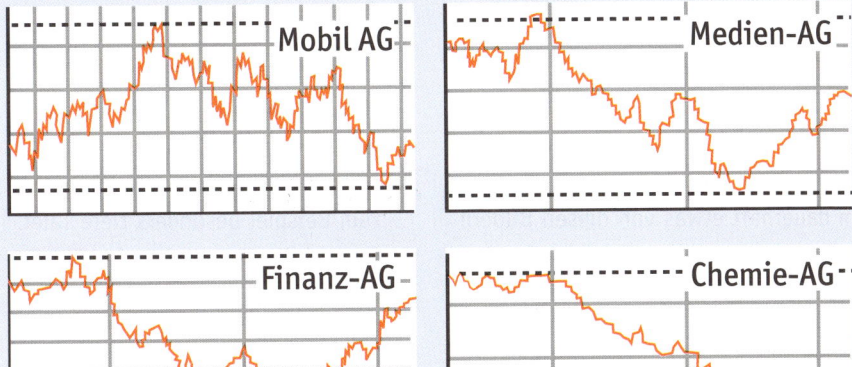

Decken Sie die Grafiken nun mit einem Blatt Papier ab, und rufen Sie sich die Kurven vor Ihr inneres Auge. Welcher Ausschnitt gehört zu welcher Firma?

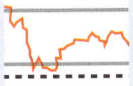 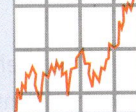 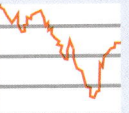 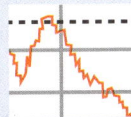

Beantworten Sie bitte folgende Fragen:

> Bei welchen Firmen hat der Kurs letztlich massiv an Wert verloren, bei welchen hat er sich weitgehend erholt?

> Welcher Kursverlauf verlief gegen den allgemeinen Trend?

> Bei welcher der Firmen ist der Kurs in den letzten drei Jahren am extremsten geschwankt?

2. Flaggen

Man hat Sie mit der Organisation einer wichtigen internationalen Konferenz betraut. Die Plätze der jeweiligen Länderrepräsentanten sind durch die verschiedenen Flaggen gekennzeichnet. Sind Ihnen alle nachfolgenden Flaggen der an der Konferenz teilnehmenden Länder geläufig?

Prägen Sie sich die folgenden Flaggen mit den dazugehörigen Ländernamen ein. Können Sie diese mit Ihrem Wissen über die Länder in Verbindung bringen? Wofür könnten die Farben und Symbole stehen? Was assoziieren Sie spontan mit den verschiedenen Symbolen? Steht zum Beispiel die beliebte italienische Vorspeise „Caprese" – aus Tomaten, Mozzarella und Basilikum – für die Farben der italienischen Flagge?

Norwegen	Libyen	Kenia	Tschechische Republik
Irland	Lettland	Australien	Griechenland
Kiribati	Benin	Mauretanien	Laos
Sudan	Südkorea	Schweden	Elfenbeinküste
Litauen	Liechtenstein	Österreich	Kongo

Decken Sie nun die Flaggen ab, und beantworten Sie bitte folgende Fragen:

> Welche Farben hat die litauische Flagge?
> Wie unterscheiden sich die Flaggen von Irland und der Elfenbeinküste?
> Welche Flaggen enthalten einen Kreis?
> Was ist auf der mauretanischen Flagge zu sehen?
> Welche Flagge enthält mehrere weiße Balken?
> Auf welcher Flagge ist ein blaues Dreieck zu sehen?

Trainieren Sie Ihren Orientierungssinn

Sicher, die westliche Welt ist ausstaffiert mit Wegweisern und Stadtplänen. Und überall gibt es Menschen, die Sie notfalls nach dem Weg fragen können. Trotzdem brauchen Sie von Zeit zu Zeit Ihren Orientierungssinn. Es ist doch wirklich ärgerlich, wenn Sie auf einer Geschäftsreise eine kleine Erkundungstour machen – und plötzlich nicht mehr wissen, wie Sie zurück in Ihr Hotel kommen. Oder sich zum x-ten Mal erklären lassen müssen, wie Sie mit dem Auto in die Filiale Ihres Unternehmens kommen. Oder wenn Sie in einer neuen Firma beginnen und von der Kantine aus nicht mehr zurück in Ihr Büro finden.

Eine Frage des Geschlechts?

Das räumliche Vorstellungsvermögen und der Orientierungssinn von Frauen haben einen denkbar schlechten Ruf – etwa im Straßenverkehr, wenn es ums Einparken geht oder um das Lesen von Landkarten. Tatsächlich ist bei Versuchsanordnungen ein Unterschied zwischen Männern und Frauen festzustellen. Die Frage ist nur: Woher kommt er? Er begründe sich in den Hormonen, so eine verbreitete Forscherhypothese; sie beeinflussten schon beim Ungeborenen die rechte Gehirnhälfte. Andere sehen die Gründe eher in der fehlenden Übung, manchmal gepaart mit Bequemlichkeit. Es hapert oft schon an der Einschätzung der eigenen Fähigkeiten: Eine deutsche Studie ergab, dass Frauen ihren Orientierungssinn selber wesentlich schlechter einschätzten als er sich in Tests dann herausstellte. Kein Wunder, dass Frauen sich lieber chauffieren lassen, bevor sie sich vor dem Partner eine (scheinbare) Blöße geben. Genau diese Einstellung (und Bequemlichkeit) bekommen sie ja auch schon als kleine Mädchen auf gemeinsamen Urlaubsfahrten von ihren Müttern vorgelebt. Orientierungssinn und räumliches Vorstellungsvermögen lassen sich trainieren – es gilt aber auch hier das Learning by Doing-Prinzip.

Orientierungssinn

Ihr Unternehmen hat eine Dependance in Peking eröffnet. Dummerweise sind die Taxifahrer im Streik, und Sie sprechen kein Wort Chinesisch. Um nicht mitten im Verkehr mit
dem Stadtplan hantieren zu müssen, prägen Sie sich den Weg vom Hotel in die Filiale
und anschließend ins Reisebüro ein. Am besten merken Sie sich, wie viele Straßen Sie
überqueren müssen und an welchen Kreuzungen Sie wie abbiegen müssen. Prägen Sie
sich auch herausragende Merkmale wie Kirchen, Brücken und Parks ein.

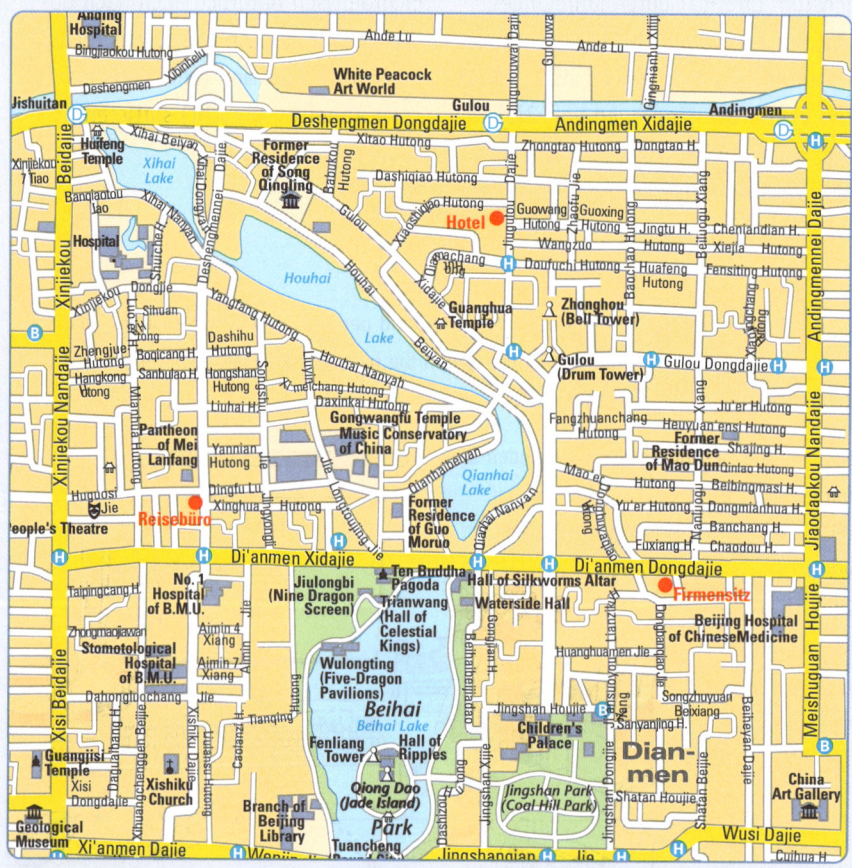

Decken Sie nun den Stadtplan mit einem Blatt Papier ab. Anschließend versuchen Sie
den Weg aus dem Gedächtnis zu beschreiben.

Bilder und Szenen

Regelmäßiges Gehirntraining verbessert nicht nur die Merkleistung, sondern kann sogar die Hirnstrukturen verändern. Eleanor Maguires vom University College fand heraus, dass Taxifahrer über einen vergrößerten Hippocampus (unter anderem wichtig für das räumliche Gedächtnis) verfügen. Ausgelöst wurde das Wachstum offenbar durch jahrelanges intensives Einprägen von Fahrtrouten. Im Grunde ist unser Gehirn also perfekt, wenn es um das Einprägen von Bildern geht. Trotzdem gelingt es uns nicht immer, uns an Einzelheiten zu erinnern.

Eine Struktur im Chaos erkennen

Gehen Sie beim Einprägen methodisch vor und sortieren Sie die Gegenstände im folgenden Beispiel nach Gruppen, etwa: Bücher, Stifte, Süßigkeiten. Merken Sie sich auch, wie viele Gegenstände es in jeder Kategorie gibt.

Sie können die Gegenstände auf dem Schreibtisch natürlich auch nach optischen Merkmalen (alles, was rot ist) oder nach Funktion (alles, was man zum Abheften braucht) sortieren.

› Übung

Eine Kollegin leiht sich öfter Arbeitsutensilien und persönliche Gegenstände aus und vergisst, sie zurückzubringen. Auch heute stellen Sie nach der Mittagspause fest, dass Ihr Schreibtisch leerer aussieht als zuvor.

Nehmen Sie sich nun dreißig Sekunden Zeit, um sich alle Gegenstände einzuprägen. Dann blättern Sie um und überlegen, welche Dinge auf der folgenden Illustration fehlen.

Versuchen Sie nun herauszufinden, welche Gegenstände in Ihrer Abwesenheit von Ihrem Arbeitsplatz verschwunden sind.

Die Lösung zu dieser Übung finden Sie auf S. 122.

Der verlorene Schlüssel

Ein Klassiker unter den Erinnerungslücken im Alltag ist die Frage „Wo habe ich bloß den Schlüssel hingelegt?". Dieses Alltagsproblem ist eigentlich ein wichtiger Entlastungsmechanismus unseres Gehirns: die Routine. Alle Aufgaben oder Handgriffe, die Sie immer wieder ausführen, erledigen Sie irgendwann wie im Schlaf. Das ermöglicht es Ihnen, Ihr Bewusstsein gleichzeitig für andere Dinge zu nutzen. Stellen Sie sich vor, Sie würden sich beim Autofahren an jeden Schaltvorgang erinnern! Der Haken an der Sache:

An etwas, das Sie nebenbei machen, können Sie sich später entweder gar nicht mehr oder nur noch schlecht erinnern. Mit ein paar einfachen Tricks können Sie sich allerdings größere Suchaktionen ersparen.

Strategie 1: Stammplatz

Die beste – und einfachste – Strategie, den Schlüssel im rechten Moment zur Hand zu haben, ist ein fester Platz – ein Schlüsselbrett, eine Schale auf Ihrem Schreibtisch oder eine bestimmte Schublade.

Strategie 2: Bewusst speichern

Speichern Sie bewusst. Dazu reichen schon ein paar Sekunden: Prägen Sie sich den Ort, an dem der Schlüssel liegt, visuell ein, oder formulieren Sie in Gedanken, wohin Sie den Schlüssel legen. Beispielsweise: „Ich lege den Schlüssel jetzt auf die Fensterbank", oder „Der Schlüssel liegt jetzt in der Handtasche."

Strategie 3: Zeitreise

Der Schüssel ist weg? Dann versetzen Sie sich in die Situation, in der Sie ihn zuletzt in der Hand hatten. Was geschah, als Sie ins Büro kamen? Klingelte das Telefon? Haben Sie sich einen Kaffee geholt? Oder hat ein Kollege Sie direkt in sein Zimmer gelotst? Die Chancen stehen gut, dass Sie an dem entsprechenden Ort auch den Schlüssel finden oder Ihnen einfällt, wohin Sie ihn gelegt haben.

Verfallen Sie nicht in Panik, auch wenn Sie einmal einen wertvollen Gegenstand verlegt haben. Bleiben Sie ruhig und denken Sie mit kühlem Kopf nach. Das hilft sehr oft.

Das optische „Merkhelferlein"

Schaffen Sie sich auf Ihrem Schreibtisch ein „Merkhelferlein" an. Das kann ein beliebiger Gegenstand sein, er muss nur auffällig sein, etwa eine kleine bunte Figur, ein Stein oder etwas Ähnliches.

Wenn Sie etwas auf keinen Fall vergessen wollen, dann nehmen Sie das Merkhelferlein und platzieren es an einer auffälligen Stelle am Schreibtisch. Der Gegenstand erinnert Sie später daran, dass Sie noch etwas zu erledigen haben. Er eignet sich zum Beispiel, wenn Sie noch jemanden anrufen müssen, dies aber erst nach einer Besprechung erledigen können, die Sie in einem anderen Raum haben. Wenn Sie von der Besprechung in Ihr Zimmer zurückkommen, erinnert Sie das Merkhelferlein sofort an das noch ausstehende Telefonat.

Weitere Merkhilfen für Terminaufgaben:

> Schaffen Sie sich ein Signal am Ausgang Ihres Zimmers (zum Beispiel ein selbstklebender, farbiger Merkzettel), damit Sie an eine Erledigung oder an einen wichtigen Gegenstand, den Sie unbedingt mitnehmen wollen, erinnert werden.

> Der klassische Knoten im Taschentuch hilft auch heute noch – vorausgesetzt, man besitzt noch ein Stofftaschentuch und man denkt daran, dass es in der Tasche liegt.

> Ein kleiner Wecker, der in den meisten Mobiltelefonen übrigens eingebaut ist, erinnert ebenfalls an eine Erledigung zu einem bestimmten Zeitpunkt.

Die szenische Erinnerung: Bewegte Bilder

Eine höhere Form des Bilderspeicherns ist das Einprägen von Szenen. Der Erinnerungsvorgang ist außerordentlich komplex: Schließlich müssen Sie sich nicht nur Räume, Figuren und Gegenstände merken, sondern auch Bewegungen und zeitliche Abfolgen. Hinzu kommen natürlich noch die Informationen aus den anderen Sinneskanälen. Hier ist vor allem die akustische Ebene außerordentlich wichtig: Wer hat was wann und wie gesagt? Welche Musik lief im Hintergrund? Aber auch: Wie hat in dieser Situation etwas geschmeckt, gerochen oder sich angefühlt?

> ## › Übung **Wochenbericht**

Testen Sie Ihr szenisches Erinnerungsvermögen: Können Sie sich noch daran erinnern, was in der vergangenen Woche alles passiert ist? Gehen Sie Tag für Tag durch und versuchen Sie, sich möglichst präzise zu erinnern. Welche Kleidung haben Sie getragen? Wie war das Wetter? Was ist im Job passiert? Wie haben Sie die Abende verbracht? Zu einigen Tagen wird Ihnen spontan etwas einfallen – das sind meist Tage, die für Sie auf irgendeine Weise besonders waren, sei es im positiven oder im negativen Sinne. Andere Tage sind vermutlich in Routine versunken. Konzentrieren Sie sich hier auf Besonderheiten im Detail: Vielleicht fällt Ihnen ein, dass Ihr Boss oder Ihre Chefin Sie unverhofft gelobt hat. Oder dass Ihnen jemand beim Aufsammeln geholfen hat, als Ihnen das Geld aus dem Portemonnaie gekullert ist. Solche Alltagsanekdoten können als Anker im Gedächtnis funktionieren: Wenn Sie sich an sie erinnern, spult sich auch der Rest des Tages wie ein Film ab.

Das bewegte Lernen

Ihr Körper weiß manchmal mehr als Sie selbst. Probieren Sie einmal zu erklären, wie man einen Schnürsenkel bindet. Obwohl Sie diesen Handgriff sicher wie im Schlaf beherrschen, müssen Sie bei dessen Erklärung doch etwas überlegen. Solche komplexen Bewegungsabläufe werden nach den ersten unbeholfenen Versuchen im Kleinhirn abgespeichert und können unabhängig vom Intellekt automatisch abgerufen werden. Gleiches gilt fürs Fahrradfahren, das man sprichwörtlich nicht verlernt, für das Spielen eines Musikinstruments oder auch für komplexe sportliche Abläufe.

Bewegung als Gedächtnisstütze

Erwachsene nehmen für Aufzählungen gern die Finger zu Hilfe – ansonsten sind sie diesbezüglich meist etwas gehemmt. Zumindest wenn Sie unbeobachtet sind, sollten Sie Ihr motorisches Gedächtnis jedoch ab und zu als Gedächtnisanker nutzen: Wenn Sie sich einen Weg merken wollen, dann zeichnen Sie ihn in die Luft, oder melken Sie pantomimisch eine Kuh, falls Sie beim Einkauf auf keinen Fall die Milch vergessen wollen.

Wenn Sie bereits die Loci-Methode zum Einprägen von Listen nutzen, dann können Sie Ihren Körper nicht nur mental, sondern auch physisch einsetzen: Berühren Sie Ihre Stirn, zupfen Sie sich am Ohr oder zwicken Sie sich leicht in den Arm, wenn Sie bestimmte Gegenstände mit ihm in Verbindung bringen wollen.

> ### › Übung **Zeugenaussage im Geiste**

Lesen Sie folgende Geschichte aufmerksam durch. Führen Sie sich die beschriebene Szenerie genau vor Augen.

Sie sind Straßenbahnfahrer. Direkt vor einer Kreuzung halten Sie an Ihrer üblichen Haltestelle. Links neben Ihnen auf der anderen Straßenseite steht eine Litfaßsäule. Dieser schräg gegenüber, auf der anderen Seite der Kreuzung befindet sich eine Telefonzelle, dieser gegenüber bzw. schräg gegenüber von Ihrer Haltestelle steht ein Baum. Neben der Telefonzelle stehen ein Mann mit Hund und eine ältere Dame und unterhalten sich angeregt. Auf der gegenüberliegenden Straßenseite taucht eine Katze auf. Der Hund sieht diese und springt bellend auf die Straße. Just in diesem Moment kommt (von Ihrem Standpunkt aus von rechts) ein Wagen herangefahren und biegt rechts ab. Der Abbieger muss eine Vollbremsung machen, um den Hund nicht zu überfahren. Ein Auto, das soeben Ihre Straßenbahn links überholt hat, kann nicht mehr rechtzeitig bremsen und fährt dem Abbieger in den hinteren Kotflügel.

Beantworten Sie nun bitte folgende Fragen, ohne noch einmal nachzulesen:
> Welcher Kotflügel wurde beschädigt?
> Was befindet sich auf der Seite, auf der die Katze auftauchte?

Die Lösung zu dieser Übung finden Sie auf S. 122.

Spielen Sie Detektiv

Sehen ist niemals ein rein passiver Vorgang. Doch zwischen bloßem, vordergründigem Wahrnehmen und wirklichem Verarbeiten des Gesehenen ist ein himmelweiter Unterschied. Und den können Sie nutzen.

Wenn Sie beispielsweise auf einem Schreibtisch zwei Tassen, eine Lesebrille, eine aufgeschlagene Zeitung und einen offenen Aktenordner sehen, können Sie dies einfach nur registrieren. Oder Sie überlegen, wie die Sachen wohl auf den Tisch gekommen sind. Dazu müssen Sie zunächst genauer hinsehen, um nach weiteren Hinweisen zu suchen: Was enthält der Aktenordner?
Auf welcher Seite ist die Zeitung aufgeschlagen?
Vielleicht hat Ihr Kollege sich gerade über den aktuellen Börsenkurs informiert (Zeitung + Lesebrille), als Ihr Chef hinzukam, um die neuen Verkaufszahlen mit ihm (Aktenordner) durchzusprechen. Netterweise hat er auch für den Kollegen einen Kaffee mitgebracht (zwei Tassen).

Natürlich kann es auch ganz anders abgelaufen sein. Wenn Sie aber versuchen die Situation zu interpretieren, dann sehen Sie automatisch genauer hin, speichern dabei mehr Details und können sich das Szenario sicher auch besser merken.

Die MindMapping-Technik: Die Karte für Ihre Gedanken

Wenn Sie sich Notizen zu einem Thema machen, dann gehen Sie in der Regel linear vor und sortieren das Thema chronologisch oder hierarchisch. Diese Methode hat einen entscheidenden Nachteil: Unsere Welt ist zu vielschichtig, um sich widerstandslos in ein solches System zu fügen. Querverbindungen zwischen verschiedenen Bereichen fallen beispielsweise oft unter den Tisch, ganz einfach weil sie nicht ins Denksystem passen.

Teamwork der Gehirnhälften

Ganz anders funktioniert die Methode, die der Brite Tony Buzan populär gemacht hat: das so genannte MindMapping. Dazu schlüsseln Sie ein Thema nicht linear, sondern in Form einer gedanklichen Landkarte auf.
Der größte Vorteil der Methode: Beim Zeichnen der MindMaps aktivieren Sie sowohl Ihre rechte als auch Ihre linke Gehirnhälfte. Das bedeutet, neben Ihrem logischen Denken kommt auch Ihre Fantasie zum Zug. Das wiederum heißt für Sie: kreatives Denken, bessere Ideen und schneller zu fundierten Entscheidungen zu gelangen.

Übersicht

Ein Beispiel-MindMap

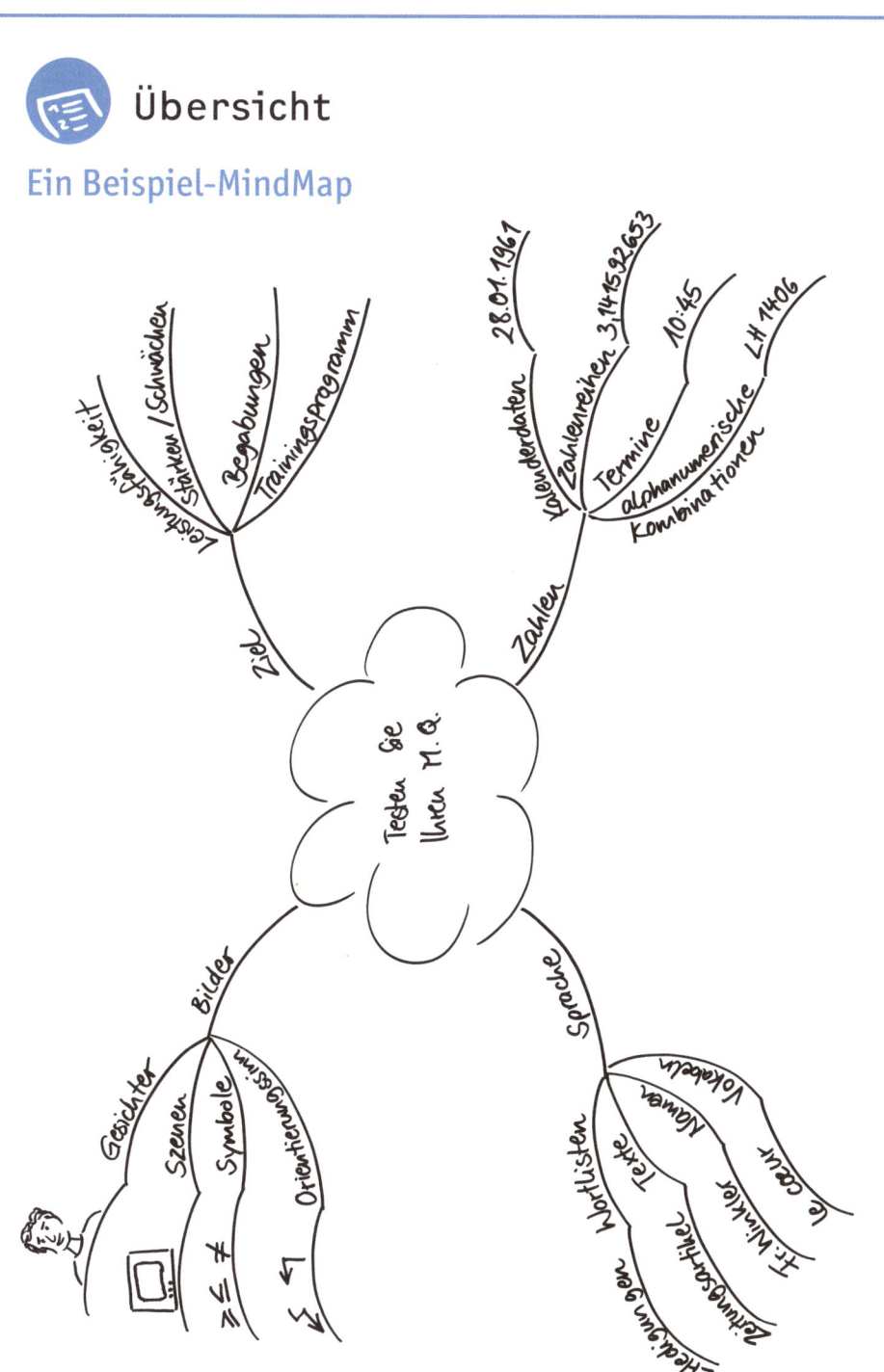

Und so gehen Sie vor:

1. Nehmen Sie ein unliniertes Blatt Papier und notieren oder zeichnen Sie in der Mitte des Blattes das Thema, um das es Ihnen geht – in unserem Beispiel ist das der M. Q.-Test.

2. Aus diesem Zentrum lassen Sie verschiedene Äste sprießen, die Sie – in Druckbuchstaben – mit den wichtigsten Schlüsselwörtern zum Thema beschriften.

3. Seien Sie möglichst kreativ und notieren Sie alles, was Ihnen spontan einfällt.

4. Von den Hauptästen zweigen Sie immer weitere Unterverästelungen ab, wie x, y, z, die für weiterführende Aspekte des Themas stehen.

5. Statt Schlagwörtern können Sie auch Zeichnungen verwenden, die die Unterthemen symbolisieren.

6. Wenn Sie Farbstifte zur Hand haben, zeichnen Sie die verschiedenen Hauptäste in unterschiedlichen Farben.

Alles auf einen Blick

Durch den Trick mit den MindMaps sind Sie wesentlich kreativer und können ungeahnte Querverbindungen zwischen verschiedenen Aspekten eines Themas entdecken. Ein weiterer Vorteil: Sie notieren nur Stichworte, was es leichter macht, auch bei schwierigen Aufgaben den Überblick zu behalten. Bei einem MindMap können Sie – aufgrund seiner klaren Struktur – alle wichtigen Aspekte auf einen Blick erfassen.

> ## Übung   **Betriebsausflug**

Man hat Ihnen die Organisation des nächsten Betriebsausflugs anvertraut. Entwickeln Sie zu diesem Thema ein MindMap. Sie haben für diese Aufgabe fünf Minuten Zeit.

Wie geht es weiter?

Bestimmt haben Sie schon bemerkt, wie sich Ihr Gedächtnis bei der Beschäftigung mit dem Buch verbessert hat. Und Sie haben sicherlich festgestellt, wie wenig Aufwand es bedarf, sein Gedächtnis zu trainieren. Denn der ganz normale Alltag bietet genügend Gelegenheiten: Gedächtnistraining ist Lernen am Objekt, Learning by Doing. Daraus folgt aber auch: Bleiben Sie am Ball. Nehmen Sie sich immer wieder ein paar Minuten Zeit, um Ihre Schwachpunkte auszugleichen, vielleicht auch nochmal in diesem Buch nachzuschlagen.

Setzen Sie die gelernten Gedächtnistechniken gezielt für Ihr berufliches Weiterkommen ein.

Und trainieren Sie Ihr Gehirn weiter wie einen Muskel: bewusst, konstant, mit Bedacht und regelmäßig. Das gilt natürlich nicht nur für den Job, sondern auch für Ihre private Zeit. Nutzen Sie diese auf jeden Fall zur Entspannung – aber verfallen Sie nicht in den Trott, Ihren Kopf in jeder freien Minute einfach auszuschalten. Jede Aktivität, die Sie geistig herausfordert, ist eine gute Aktivität: Das können kurzweilige Gesellschaftsspiele mit der Familie sein, aber auch private Finanzgeschäfte, die Hirnschmalz erfordern.

Vielleicht haben Sie auch Lust auf mehr bekommen und wollen Ihr Wissen gemeinsam mit anderen in einem Seminar vertiefen. Dann kontaktieren Sie uns einfach über www.memoquotient.com oder schicken Sie uns eine E-Mail an folgende Adresse: info@memoquotient.com

Wir werden Sie über Termine in Ihrer Nähe informieren. Vielleicht haben Sie sogar ein besonderes Talent bei sich entdeckt, und Ihr Ehrgeiz ist so weit gewachsen, dass Sie Ihre Merkleistung gerne auf sportive Art und Weise mit anderen Gedächtnissportlern bei den Gedächtnismeisterschaften messen wollen.

Natürlich freuen wir uns immer über Ihre Anregungen und Kommentare zum Buch. Ihre persönlichen Erfolgserlebnisse und Anwendungsbeispiele interessieren uns sehr. Gerne senden wir Ihnen auch einen weiteren M. Q.-Test zu, damit Sie Ihren Lernfortschritt messen können. Schreiben Sie uns. Wir wünschen Ihnen weiterhin viel Spaß beim Training Ihres Gedächtnisses und bei der Beobachtung Ihrer Fortschritte, die Sie sicher machen werden.

Lösungen

Lösung zur Übung von S. 50:

339514 (z.B. 3 x 3 = 9; 9 + 5 = 14)

257321 (z.B. 2 + 5 = 7; 7 x 3 = 21)

183623 (z.B. 18 : 3 = 6; 6 : 2 = 3)

1121231 (z.B. 11 x 21 = 231)

1569716 (z.B. 15 – 6 = 9; 9 + 7 = 16)

123660 (12 + 24 = 36; 36 + 42 = 60)

132639 (13 + 13 + 13)

Lösung zum „Brain Snack" von Seite 52

Auf der Uhr ergibt 10 plus 3 den Wert 1.

Übung: Rechnen mit Bildern von S. 56

Aufgabe	Zahlenwert	Ergebnis
Elefant : Kerze x Schlange	6 : 1 x 9	54
(Wimpel – Hand) x Dreizack	(7 – 5) x 3	6
Sanduhr x Schlange : Kleeblatt	8 x 9 : 4	18
Wimpel + Ei – Elefant	7 + 0 - 6	1

Übung: Rechnen mit Bildern von S. 61

Aufgabe	Zahlenwert	Ergebnis	Lösungswort
Decke + Mai – Efeu – Tee	17 + 3 – 8 – 1	11	Ted
Noah x Dose : Eule	2 x 10 : 5	4	Reh
Schuh x Noah + Efeu – Kuh	6 x 2 + 8 – 7	13	Dom
(Taube – Mai) : Efeu	(19 – 3) : 8	2	Noah

Übung: Rechnen mit Bildern von S. 63

Aufgabe	Zahlenwert	Ergebnis	Lösungswort
Mücke – Nonne + Dose	37 – 22 + 10	25	Nil
Maul – Neffe + Mumie	35 – 28 + 33	40	Rose
(Mücke – Kuh) : Maus	(37 – 7) : 30	1	Tee
Mohn : Noah + Name	32 : 2 + 23	39	Mappe
(Muff + Meer) : Bau	38 + 34 : 9	8	Efeu

Übung: Rechnen mit Bildern von S. 64

Aufgabe	Zahlenwert	Ergebnis	Lösungswort
Schatz – Lilie + Rahm	60 – 55 + 43	48	Riff
(Rock – Rolle) x Nabe	(47 – 45) x 29	58	Lava
Lippe + Ratte – Lama	59 + 41 – 53	47	Rock
Rabe : Kuh x Schuh	49 : 7 x 6	42	Rinne
Latte : Tee - Rüsche	51 : 1 – 46	5	Eule

Übung: Rechnen mit Bildern von S. 65

Aufgabe	Zahlenwert	Ergebnis	Lösungswort
Kappe – Koch + Karte	79 – 76 + 74	77	Kuckuck
(Kaffee – Käse) x Bau	(78 – 70) x 9	72	Kahn
Schuft + Schiff – Schal	61 + 68 – 65	64	Schere
Fass : Nase x Taube	80 : 20 x 19	76	Koch
Scheich : Ted + Scheck	66 : 11 + 67	73	Kamm

Übung: Rechnen mit Bildern von S. 66

Aufgabe	Zahlenwert	Ergebnis	Lösungswort
(Bär – Boot) x Mumie	(94 – 91) x 33	99	Puppe
(Baum : Mai) + Lama	(93 : 3) + 53	84	Fuhre
(Bohne – Rock) x Noah	(92 – 47) x 2	90	Bus
Feige – Fuhre + Feile	87 – 84 + 85	88	Vivil
(Scheich : Nonne) + Busch	(66 : 22) + 96	99	Puppe

Lösungsbilder zur Übung: „Gesichterpuzzle" auf S. 103:

Die folgenden Ausschnitte gehören zum Hauptbild:

  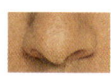

E **F** **H**

Lösungen zur Übung: „Schreibtisch" von S. 112:

Es fehlen folgende Gegenstände vom Schreibtisch: Der Notizzettel vom Taschen-
rechner, die Heftzwecken in der Schachtel, einige der Heftzwecken, die lose
auf dem Tisch lagen, ein Buch, einige der Bonbons, eine CD, ein Textmarker, der
Tacker, das Radiergummi, das Telefon, ein Bleistift, das Mousepad.

Lösungen zur Übung: „Zeugenaussage im Geiste" von S. 115:

Es war der linke hintere Kotflügel, da das Auto rechts abgebogen ist. Der rechte
hintere Kotflügel lag somit geschützt in Richtung Bordstein.
Die Katze befand sich auf der Straßenecke mit dem Baum.

> Buchtipps

> Buzan, Tony und North, Vanda:
> **Business MindMapping.**
> Visuell organisieren, übersichtlich
> strukturieren, Arbeitstechniken opti-
> mieren.
> Frankfurt: Ueberreuter Wirtschafts-
> verlag, 2002
> *Der Pionier der MindMapping Methode*
> *gibt zahlreiche Tipps zur Arbeit mit*
> *MindMaps im Berufsleben.*

> Buzan, Tony:
> **Power Brain.**
> Der Weg zu einem phänomenalen
> Gedächtnis. Train your Brain.
> Frankfurt: Moderne Verlagsgesell-
> schaft, 2002
> *Der Altmeister des Gedächtnistrainings*
> *erklärt wirkungsvolle Techniken des*
> *Merkens und Erinnerns.*

> Hainbuch, Friedrich:
> **Muskelentspannung nach Jacobson.**
> Körperliche und seelische Spannun-
> gen lösen. Einfache Übungen, schnel-
> le Erfolge. Extra: Atemübungen zur
> Intensivierung.
> München: GU, 2004
> *Praxisbuch mit Audio-CD*

> Katz, Lawrence C. und Rubin,
> Manning:
> **Neurobics – Fit im Kopf.**
> 83 Übungen zur Leistungssteigerung
> des Gehirns.
> München: Goldmann, 2001
> *Praktische Tipps für den Alltag*

> Kolb, Klaus und Miltner, Frank:
> **Gedächtnis-Training.**

> Der schnelle Weg zur Spitzen-
> leistung. Mit 10-Tage-Trainings-Plan.
> Test: Wie gut ist Ihr Gedächtnis?
> 8. Aufl. München: GU, 2004
> *Der Klassiker im Bereich Gedächtnis-*
> *training*

> Kolb, Klaus und Miltner, Frank:
> **Leichter lernen mit Köpfchen**
> **und Spaß.**
> Spielerisch die Lust am Lernen
> wecken. Gedächtnis, Konzentration
> und Intelligenz fördern. Mit Test:
> Welcher Lerntyp ist Ihr Kind?
> 2. Aufl. München: GU, 2004
> *Ein umfassender Ratgeber für Eltern*
> *mit Kindern im Grundschulalter*

> Metzig, Werner und Schuster, Martin:
> **Lernen zu lernen.**
> Lernstrategien – sofort anwendbar.
> Die richtige Methode für jeden Lern-
> stoff. Tipps zur Prüfungs-
> vorbereitung.
> 6. Aufl. Berlin/Heidelberg: Springer-
> Verlag, 2003
> *Zwei Wissenschaftler erklären leicht*
> *verständlich die Grundlagen des*
> *Lernens.*

> O'Brien, Dominic:
> **Gedächtnistraining.**
> München: Mosaik, 2001
> *Die Tricks des „Meisters" –*
> *Der 8-fache Gedächtnisweltmeister*
> *gibt Einblicke in die Tricks seiner*
> *phänomenalen Merkkapazität.*

> Spitzer, Manfred:
Lernen.
Gehirnforschung und die Schule
des Lebens.
Heidelberg: Spektrum Akademischer
Verlag, 2002
*Der Ulmer Psychiater und Forscher
erklärt die neuesten Erkenntnisse der
Gehirnforschung und ihre Konsequen-
zen für die Praxis.*

> Wagner, Dirk:
Alle Flaggen der Welt.
Die Flaggen aller Länder: ihre
Geschichte und ihre Bedeutung.
München: MERIAN Travel House Media
Verlag, 2002
*Erinnern Sie sich an die Flaggen aus
Übung 2, S. 108? Dieses kompakte
Büchlein aus der MERIAN Kompass-
Reihe bietet vieles, um Ihre Merk-
Geschichten noch einprägsamer zu
machen. In dem Buch sind alle Flag-
gen der Welt abgebildet; bei jeder
Flagge findet sich Interessantes zu
ihrer Bildsprache, ihrer Entstehungsge-
schichte und zur Landeskunde.*

>Web-Adressen

> **www.braincamp.de**
*Online-Gedächtnistraining: Mehr als
40 Trainingsmodule zu Gedächtnis,
Konzentration, Wissen und Logik.
Man kann seine Leistung mit anderen
messen. Mit ausführlichen Erklärun-
gen.*

> **www.memoquotient.com**
*Die Internetseite der Autoren. Viel-
fältige Informationen rund ums
Gedächtnis im Job. Mit Downloads,
E-Learning-Elementen, Links, Newsletter und Seminaren.
Sie können die Autoren auch unter
info@memoquotient.com per E-Mail
erreichen.*

> **www.memoriade.net**
*Gedächtnissport-Übersicht über die
deutschen Gedächtnismeisterschaften
mit Regeln und Ergebnissen der vergangenen Jahre.*

> **www.ggk.de**
*Seminarangebote der Gesellschaft
für Gedächtnis- und Kreativitätsförde-
rung e.V.*

Erfolg entsteht im Kopf

Optimieren Sie Ihre mentalen Erfolgsfaktoren

Service für Einzelpersonen

- „M.Q. Upgrade" - das Ergänzungspaket zu diesem Buch.
- Ausführliche Profilanalyse mit „M.Q. Professional"
- Edutainment: Online-Games zum Training Ihrer mentalen Fertigkeiten
- Persönliche Beratung und Coaching
- Freie Seminare und Vorträge
- Downloads und Bestellservice
- Informationen zum Gedächtnissport

Service für Unternehmen

- Beratung: Setzen Sie „M.Q. Memo Quotient" ergebnisorientiert in Personalentwicklung, Marketing und Kommunikation ein.
- Ihre Führungskräfte und Mitarbeiter profitieren vom maßgeschneiderten Blended-Learning-Programm mit Online-Tools, Seminaren und Vorträgen durch erfahrene Trainer.
- Full-Service für Unternehmen: Corporate Publishing, Medien für die interne und externe Kommunikation, motivationsfördernde Maßnahmen.

Service für Trainer

- Informationen zum Partnerprogramm
- Train-the-Trainer-Seminare

M.Q.-Institut - Memo Quotient - Beratung Training Verlag

München | www.memoquotient.com | info@memoquotient.com | Tel: 089-46 14 86-24 | Fax: 089-46 14 86-15

Gedächtnis - Kreativität - Lernen - Konzentration - logisches Denken - rationelles Lesen - Intelligenz - Zeitmanagement - Allgemeinwissen - Antistress - Kommunikation - Persönlichkeit

GU Leben & Lernen

→ Einfach mehr Glück und Erfolg

ISBN 3-7742-6952-1
128 Seiten | € 12,90 [D]

ISBN 3-7742-6948-3
128 Seiten | € 12,90 [D]

ISBN 3-7742-6953-X
144 Seiten | € 12,90 [D]

ISBN 3-7742-6480-5
128 Seiten | € 12,90 [D]

ISBN 3-7742-6344-2
128 Seiten | € 9,90 [D]

Mit den richtigen Entscheidungen die Weichen auf Erfolg stellen – diese Ratgeber unterstützen Sie kompetent, praxisnah und anschaulich.

WEITERE LIEFERBARE TITEL BEI GU:

➤ **GU GROSSE KOMPASSE: Zitate für jeden Anlass**

➤ **GU WORK PERFECT: Das neue 1x1 des Zeitmanagement, Das neue 1x1 der Persönlichkeit**

Willkommen im Leben.

›Impressum

© 2005 GRÄFE UND UNZER VERLAG GmbH, München.

Alle Rechte vorbehalten. Nachdruck, auch aus-zugsweise, sowie Verbreitung durch Bild, Funk, Fernsehen und Internet, durch fotomechanische Wiedergabe, Tonträger und Datenverarbeitungs-systeme jeder Art nur mit schriftlicher Geneh-migung des Verlages.

© „M.Q. – Memo Quotient" bei den Autoren Klaus Kolb und Frank A. Miltner. Die Verwendung der Methode, auch in Teilen, ist nur mit schrift-licher Genehmigung der Autoren möglich.

Programmleitung: Steffen Haselbach
Leitende Redaktion: Anita Zellner
Redaktion und Bildredaktion: Nina Pohlmann
Lektorat: Dunja Götz-Ehlert
Titelfoto: Kurt Paulus
Weitere Fotos und Abbildungen: Birgit Dauen-hauer: 117; GettyImages: 16, 18, 22, 103, 105; Sonja Heller (www.heller-blau.de): 111, 112; MERIAN-Kartographie by iPublish GmbH, München: 19, 25, 110; Travel House Media GmbH: 108

Umschlag und Gestaltung:
independent Medien-Design
Herstellung: Bettina Häfele
Satz: Filmsatz Schröter, München
Repro: Penta Repro, München
Druck und Bindung: Kaufmann, Lahr

ISBN: 3-7742-6954-8

Umwelthinweis
Dieses Buch wurde auf chlorfrei gebleichtem Papier gedruckt. Um Rohstoffe zu sparen, haben wir auf Folienverpackung verzichtet.

Auflage	4.	3.	2.	1.
Jahr	08	07	06	05

3 €

Das Original mit Garantie

Ihre Meinung ist uns wichtig.
Deshalb möchten wir Ihre Kritik, gerne aber auch Ihr Lob erfahren, um als führender Ratgeberverlag für Sie noch besser zu werden.
Darum: Schreiben Sie uns!
Wir freuen uns auf Ihre Post und wünschen Ihnen viel Spaß mit Ihrem GU-Ratgeber.

Unsere Garantie: Sollte ein GU-Ratgeber einmal einen Fehler enthalten, schicken Sie uns bitte das Buch mit einem kleinen Hinweis innerhalb von sechs Monaten nach dem Kauf zurück. Wir tauschen Ihnen den GU-Ratgeber gegen einen anderen zum gleichen oder ähnlichen Thema um.

GRÄFE UND UNZER VERLAG
Redaktion Leben & Lernen
Postfach 86 03 25
81630 München
Fax: 089/4 19 81-113
E-Mail: leserservice@
graefe-und-unzer.de

Ein Unternehmen der
GANSKE VERLAGSGRUPPE